日本人の祖先は縄文人だった！

いま明かされる日本人ルーツの真実

長浜浩明

展転社

はじめに

『日本人ルーツの謎を解く』（展転社）を世に出してから早くも一〇年が過ぎました。幸い多くの読者に恵まれ、それなりの反響もあり、今も販売されていることは著者冥利に尽きるというものです。

この本は「日本人の主たる祖先は渡来人だ」という時流に逆らい、当時の著名な作家や学者の怪しげな〝論〟に検討を加え、問題点を指摘、論破し、「私たち日本人の主たる祖先は、縄文時代からこの地に連綿と住み続けてきた人々だった。それどころか彼らは三〇〇〇年以上に亘って朝鮮半島の主人公だった」ことを論証したのです。

然るに、今まで出版社に寄せられたご意見の中には、私が評論した方々からの反論はなく、公開討論の申し出もなく、今日《こんにち》においても修正の必要はないと感じています。

では、なぜ新著を出すのか。一〇年一昔、この間に科学は進歩し、様々な動きもあり、新たな事実を書き加えなければならない事態に至ったからです。

巧妙な〝ダマしのテクニック〟を使った本が出版され、公共放送を自認するＮＨＫも新たな虚偽番組を放映し、性懲りもなくウソを流し続けていることを知り、それらを検証し、真実を明らかにしなければ、との思いから再度筆をとった次第です。

凡例

一　シナ大陸では血みどろの戦いが繰り広げられ、幾たびとなく民族や国家が入れ替わってきました。例えば、中国（中華民国）は一九一二年に誕生し、それ以前はそのような国はありません。そこで本書では、国名は変わっても地理的概念は変わらないので「南シナ海」「東シナ海」に対する「シナ」や「シナ大陸」をもちいます。また、中国成立以前の人々を「シナ人」と呼び、それ以降を「中国人」と呼ぶことにします。

二　朝鮮半島も同様であり、今の韓国・朝鮮人は大昔から半島に住んでいたわけではありません。そこで朝鮮王朝（李氏朝鮮）以前の人びとの呼称は「半島人」とします。

三　日本人はシナ人や半島人と異なり、記憶の限りにおいて同じ民族が日本列島に住み続けてきたのですが、便宜上、縄文時代の人々を「縄文人」、弥生時代の人々を「弥生人」と表現しています。

四　引用文末にあるカッコ内の数値は引用文献の頁を指します。

五　文中の傍点は全て筆者が付け加えたものです。

六　本書では、水田稲作の開始をもって弥生時代の開始という見方は採用しません。時代区分が水田稲作の開始年代により動くからです。

加えて、水田稲作が普及しない地域は縄文時代となり、九州、近畿、関東、東北の弥生時代の開始年代が違ってしまい、地方により何年を指しているのか分からず、縄文土器を使っていた時代も弥生時代となり、土器呼称と時代名称、以前の文献との整合性、全てが大きく毀損されるからです。

七　本書に於ける時代区分は従来の文化庁の基準を参考に以下の通りとします。

後期旧石器時代		四〇〇〇〇年〜一六〇〇〇年前
縄文時代	草創期	一六〇〇〇年〜一二〇〇〇年前
	早期	一二〇〇〇年〜六〇〇〇年前
	前期	六〇〇〇年〜五〇〇〇年前
	中期	五〇〇〇年〜四〇〇〇年前
	後期	四〇〇〇年〜三〇〇〇年前
	晩期	三〇〇〇年〜二四〇〇年前
弥生時代	早期	前四〇〇年〜前三〇〇年
	前期	前三〇〇年〜前一〇〇年
	中期	前一〇〇年〜一〇〇年
	後期	一〇〇年〜二五〇年
古墳時代		二五〇年〜六〇〇年

装幀　古村奈々 + Zapping Studio

目次

日本人の祖先は縄文人だった！

いま明かされる日本人ルーツの真実

はじめに……1

プロローグ

なぜ「日本人ルーツ」への関心は尽きないのか……12
津田左右吉の根本にあったもの……13
正鵠を射ていた津田の「日本民族史観」……14
津田と反日左翼との「論争」に学ぶ……15
「日本人ルーツ」は多角的に探求……17

第一章　Y染色体が明かしたヒトの拡散ルート

細胞の構造・DNAと遺伝子……20
減数分裂・遺伝子伝達のメカニズム……22
「出アフリカ説」を論証したmtDNA研究……26
ルーツ解明はmtDNAからY染色体へ……29
Y染色体の「遺伝子マーカー」と系統樹……31
不可解な「Y染色体に基ずく拡散図」……34
斎藤成也氏が描く「新人の拡散ルート」……36

ジェノグラフィック・プロジェクトが示す「ヒトの拡散図」……38
日本人男性の約90％のご先祖様は縄文人だった！……42

第二章　考古学からみた「新人」日本への旅

ヒトのルーツはアフリカに行き着く……52
旧石器時代以降・日本での主な出来事……53
日本に旧人が住んでいた！……55
考古学界の常識を覆した相澤忠洋氏……59
旧石器時代の推定人口と縄文推定人口の問題点……61
沖縄の旧石器人骨が物語るもの……63
ご先祖様は九州から沖縄へ戻ってきた……66
沖縄のルーツは日本・核ゲノム解析の結論……68
九州・旧石器時代から縄文時代へ……69
約三万年前・姶良カルデラの大噴火……71
桜島の大噴火……71
鬼界カルデラの大噴火……75
本州の旧石器時代——繁栄を極めた……76

北海道の旧石器時代――人々は南からやって来た……77
アイヌは先住民ではない・新参者である……80

第三章 「韓国考古学会」が認めた衝撃の真実

日本の〝新人〟は何処から来たか……86
日本と半島の中期旧石器時代の遺跡数……88
「後期旧石器時代」少なすぎる半島の遺跡……90
日本から半島へと移住した縄文人……92
朝鮮半島からヒトの影が消えた！……94
韓国考古学会も認めた「不都合な真実」……96
人々は日本から無人の半島へと移住……98
国際縄文学協会・前理事長からの手紙……101
中橋氏が再び隠した「半島の縄文人骨」……103
再び隠した「半島の弥生人骨」の素顔……106
シナの史書が記すこの時代の半島……108
礼安里人も韓国人の祖先ではなかった……110
韓国史を知らない考古学者の問題点……115

縄文人は三〇〇〇年以上半島の主人公だった！…… 117

第四章　シナより早かった日本の稲作

遺伝子解析から見たイネの起源…… 122
最初のイネは何処から来たか？…… 123
ジャポニカ種の起源は東南アジアだった…… 126
熱帯ジャポニカ・東南アジアから日本へ！…… 128
温帯ジャポニカ誕生のシナリオ…… 131
一万年以前・シナのイネは日本経由で伝えられた！…… 133
シナの「イネの起源」をどう評価するか…… 135
縄文人が始めた灌漑水田・菜畑遺跡…… 137
「朝寝鼻貝塚」が証明した縄文稲作…… 141
朝鮮や山東半島より千年以上早かった日本の稲作…… 144
日本の稲作は河姆渡以前に遡る！…… 145
なぜ熱帯・温帯ジャポニカを作り続けたか…… 148
菜畑遺跡を巡る理解困難な言動…… 149
「水田稲作は始まったが水田址は見つからない」とは？…… 151

「水田の址」はあるが「水田址」は見つからないとは？…… 154
「水田稲作伝播ルート図」が欠落させたもの…… 157
菜畑遺跡の年代は「前15世紀～前12世紀」に遡る！…… 159
孔列文土器や突帯文土器は倭人の土器である…… 161
縄文時代の人々が完成させた水田稲作技法…… 162
倭人が栽培していた半島のイネ…… 164

第五章　ゲノム解析が導く日本人のルーツ

奇妙な一文・篠田謙一氏が欠落させたもの…… 170
NHK「サイエンスZERO」のウソ…… 173
ウソとペテンのカラクリを明かす…… 175
形質人類学の泰斗・鈴木尚氏は篠田説を否定…… 177
北部九州から来た土井ヶ浜遺跡人…… 182
「誤」の原因・杜撰なmtDNAの分類…… 185
再登場、日本人の祖先（渡来人）による〝縄文人虐殺説〟…… 187
篠田氏とNHKが「Y染色体解析」を隠したわけ…… 188
mtDNA解析の限界を炙りだした茂木・篠田対談…… 189

ジェノグラフィック・プロジェクトから読み解く真実……197
自己矛盾・支離滅裂となったわけ……199
何と「渡来系弥生人」は渡来していなかった！……201
証明された「日本人のご先祖様」とは……204
SNP解析が明かした真実……206
「97％が日本人らしい」なるマイクロサテライトの解析結果……209

エピローグ

第一話・斎藤成也氏の講話……213
第二話・神澤秀明氏の講演その一……215
第三話・神澤秀明氏の講演その二……217

あとがき

あとがき……222

プロローグ

なぜ「日本人ルーツ」への関心は尽きないのか

私たちは自分たちのルーツについて興味を持ち続けています。なぜかというと、一つには分からないからであり、二つには作家、専門家、マスコミ業者、大学から小学校まで、著名人や立派な肩書の人たちが語っている〝世の定説〟なるものが〝胡散臭い〟と直感しているからではないでしょうか。

実際、彼らの結論と私たちの生活実感が乖離《かいり》しており、腹にストンと落ちないのです。かつて山本七平氏は次のような話をしていました。

「ある料亭で数人の学者と会合していたが、その一人が縄文時代の食物残渣《ざんさ》を発掘した話をした。すると別の一人が〈では、いまわれわれが食べているものと余り変わりがないですな〉と言った。そこでみなが改めて食卓を見ると、栗・ぎんなん・貝・川魚・沢がに・エビなどがあり、みな思わず笑い出した。前述の中国人が指摘したように、料理に関する限り、日本人は縄文的であって中国的ではないらしい。

一体なぜこのような、中国とも韓国とも違う食文化が生じ、それが現代まで継承しているのであろうか」（『日本人とは何か　上』ＰＨＰ、一九八九年　33）

それは縄文時代から連綿と続くＤＮＡに刻まれた記憶が、今の私たちの生き方に影響を与えているからではないでしょうか。

私たちが日本語を話し、このような生活実感が続く限り、誰が何といおうと「私たち日本人の主な祖先は縄文時代からこの日本列島に住み続けてきた人々なのだ」なる思いが消えることはないでしょう。それは意外にも津田左右吉の思いでもあったのです。

津田左右吉の根本にあったもの

氏は大正八年、『古事記及び日本書紀の新研究』に於いて、「神武東征は説話である」などと論じたことから、皇国史観学者から告発・起訴され、関連書籍四冊の発禁処分を受け、早稲田大学教授の座からも追われました。同時に、左翼やマルキストたちからは『記紀』を否定した〝反体制学者〟として称賛と共感をもって迎えられたのです。然しながら、両者とも氏の本心を見誤っていたことが明らかになります。

戦後間もなく、雑誌『世界』の編集長・吉野源三郎は、津田に論文の寄稿を求めていました。戦後とは、戦前は皇国史観を身に纏った朝日新聞やＮＨＫ、日本中の歴史学者や教育者などが、食と職を求めて次々に転向していった時代であり、吉野は「津田は根っからの天皇否定論者」と確信していたようです。しかし吉野は、津田の「建国の事情と万世一系の思想」を見て仰天したのです。

困った吉野が共産主義者で左翼の頭目《とうもく》・羽仁五郎に相談すると、彼は「共産革命が成功した暁《あかつき》には君の首に縄がかかってもいいのか」と恫喝《どうかつ》したと云います。しかし吉野は津田に原稿依頼した手前〝没〟には出来ず、一九四六年四月、この論文は『世界』に掲載されました。

その結果、津田は皇室を深く敬愛し、神武天皇をはじめとする歴代天皇の存在を信じ、皇室及び天皇制度の存続を希求していたことが明らかになったのです。

正鵠を射ていた津田の「日本民族史観」

この論文は、ソ連の手先、皇室の抹殺を目論む左翼に衝撃を与えると同時に、左翼の歴史観の対極にある、次なる「日本民族史観」を持っていたことも明かしました。

「日本の国家は日本民族と称し得られる一つの民族によって形づけられた。この日本民族は近いところにその親縁のある民族を持たぬ。大陸におけるシナ（支那）民族とは、もとより人種が違う。チョウセン（朝鮮）・マンシュウ（満州）・モウコ（蒙古）方面の諸民族とも違うので、このことは体質からも、言語からも、また生活のしかたからも、知り得られよう。ただ半島の南端の韓民族のうちには、あるいは日本民族と混血したものがいくらかあるのではないか、と推測されもする。また洋上では、リュウキュウ（琉球）（の大部分）に同じ民族の分派が占居したであろうが、タイワン（台湾）及びそれより南の方の島々の民族とは同じではない。本土の東北部に全く違う人種のアイヌ（蝦夷《えみし》）のいたことは、いうまでもない」（今井修編『津田左右吉歴史論集』岩波書店 280）

一言で云えば、どの角度から見ても「日本人の祖先はシナや朝鮮からやって来た」のではない、ということです。これは現在の定説とは真逆の結論であり、氏は驚くほど正確な判断をしていたことが分かります。

『記紀』成立の基となった古い時代の伝承や口伝を頼りに、記憶を幾ら遡っても異民族を見いだし得なかった。だからこそ氏は上記のように信じて疑わなかったのです。

津田と反日左翼との「論争」に学ぶ

戦後の津田は、日本の歴史と皇室の抹殺を試みる左翼の虚偽宣伝に接し、日本国家と日本民族の統一性・独立性・純粋性に深刻な危機を抱いていました。

「その強烈な危機意識が、津田をして『世界』論文を出発点ともして戦後〝進歩〟陣営の知識人の言動への激しい拒否・対決姿勢をとらせることになり、当然にその矛先はマルクス主義史学の主導する戦後歴史学と歴史教育にも向けられることになった」（399）

ここにある〝進歩〟陣営とは〝守旧〟の権化、ソ連と中共からエサをもらって活動していた犬、左翼やマルキストのことであり（『新文系ウソ社会の研究』54）、共産革命を成功させた暁に、彼らが目指した〝理想の国家〟が次なる国々でした。

①ソルジェニーツィンにより暴かれた〝収容所群島〟のソ連
②アメリカから〝ジェノサイド国家〟に認定された中国（中共）
③多くの日本人を少女に至るまで拉致した〝犯罪国家〟北朝鮮

戦後、自分の目指す共産革命の成就に恐怖し、次々に転向していったこれらの反日左翼に対し、津田は論争を開始したのです。

今井氏は、津田の論敵であった家永三郎、石母田正、井上光貞、丸山眞男《まさお》らと「長期にわたる格闘、勁《つよ》き個と個の持続的なぶつかり合いに（中略）私たち後続世代は、深く学ぶところがなければならないであろう」（400）と言及しています。

しかし、津田の日本民族史観・古代史観は、科学やデータに裏打ちされたものではなく、そのため、戦後登場した〝科学的〟なる虚偽喧伝によりかき消されてしまったのです。

今にして思うと、その〝科学的〟なる仮面を剥ぎ、津田の「日本民族史観」を論証した嚆《こう》矢《し》が『日本人ルーツの謎を解く』でした。

私は世に流布されている〝科学的〟なる定説を解析し、個人名を挙げ、その欺瞞を論証したのですから、論争が開始されることを覚悟していました。しかし彼らは沈黙を強いられたようで、反論一つ来なかったのです。

かつて、江藤淳先生が『閉ざされた言語空間』を世に出し、戦後検閲の〝闇《やみ》〟を暴いた時、激しい論争が開始されると思いきや、日本中のマスコミ業者、歴史学者、教育者、作家、護憲で反米親ソの社共を含む政治家さえ沈黙を余儀無くされたのです。

不都合な真実を暴かれた彼らは、只ひたすら黙殺に終始し、逃げ回ったのですが、このことを知って発した先生の言葉、「さわらぬ神に祟《たた》りなし」を思い出します。

「日本人ルーツ」は多角的に探求

私は学生時代、一般教養として二年間、文化人類学を専攻しました。主任教授は川喜田次郎氏であり、講義の中で京都学派の方々の話を多く学んできました。そして移動大学などで氏が考案した〝KJ法〟も実践してきました。

氏の教えは、「ある対象を正しく把握するには、多くの角度から検討を加え、相互矛盾のないところに真理は宿る」と云うものです。

この正しさは本書でも例示しますが、一見、科学的にみえる考古学や分子人類学も、一分野からの研究では真理に至れないのです。本書もこの手法を用い、次なる角度から検討を加えています。

①分子人類学　②日本考古学　③韓国考古学　④形質人類学　⑤生物学・分子生物学
⑥わが国の正史　⑦シナの史書　⑧半島の正史

では、これらの視点から科学的・論理的に対象を捉えると、日本人のルーツについてどのような世界が見えてくるのでしょう。

第一章　Y染色体が明かしたヒトの拡散ルート

細胞の構造・DNAと遺伝子

かつては、ヒトのルーツを探る研究の主役は考古学や形質人類学にありました。しかし今日においては分子人類学がその座を占めた観があります。内容に踏み込む前に、先ず遺伝子伝達の概要をおさらいしておきます。

私たちの体は約60兆個の細胞からできており、赤血球などの一部を除き、大部分の細胞には〝核〟があります。

核の中には細い糸状の〝DNA〟（デオキシリボ核酸）が収められ、普段は光学顕微鏡では見ることができませんが、細胞分裂するわずかの間だけ凝縮して太い縄状になり、色素で染まる〝染色体〟として観察できるようになります。

それらは紐状の螺旋階段のような、糖とリン酸が交互につながった2本の螺旋部分と、それを繋ぐ互いに結合した2つの塩基（塩基対）が一定の間隔で連続した階段部分から構成されており、1細胞あたりの螺旋階段の長さを合計すると2メートルにもなると云います。（図1－1）

（注）DNAには生命活動をするのに必要な様々な情報が書き込まれています。その文字に当たるものが「A（アデニン）、G（グアニン）、C（シトシン）、T（チミン）」と呼ばれる4つの塩基であり、原則として「GとC」「TとA」のペア階段を構成しています。

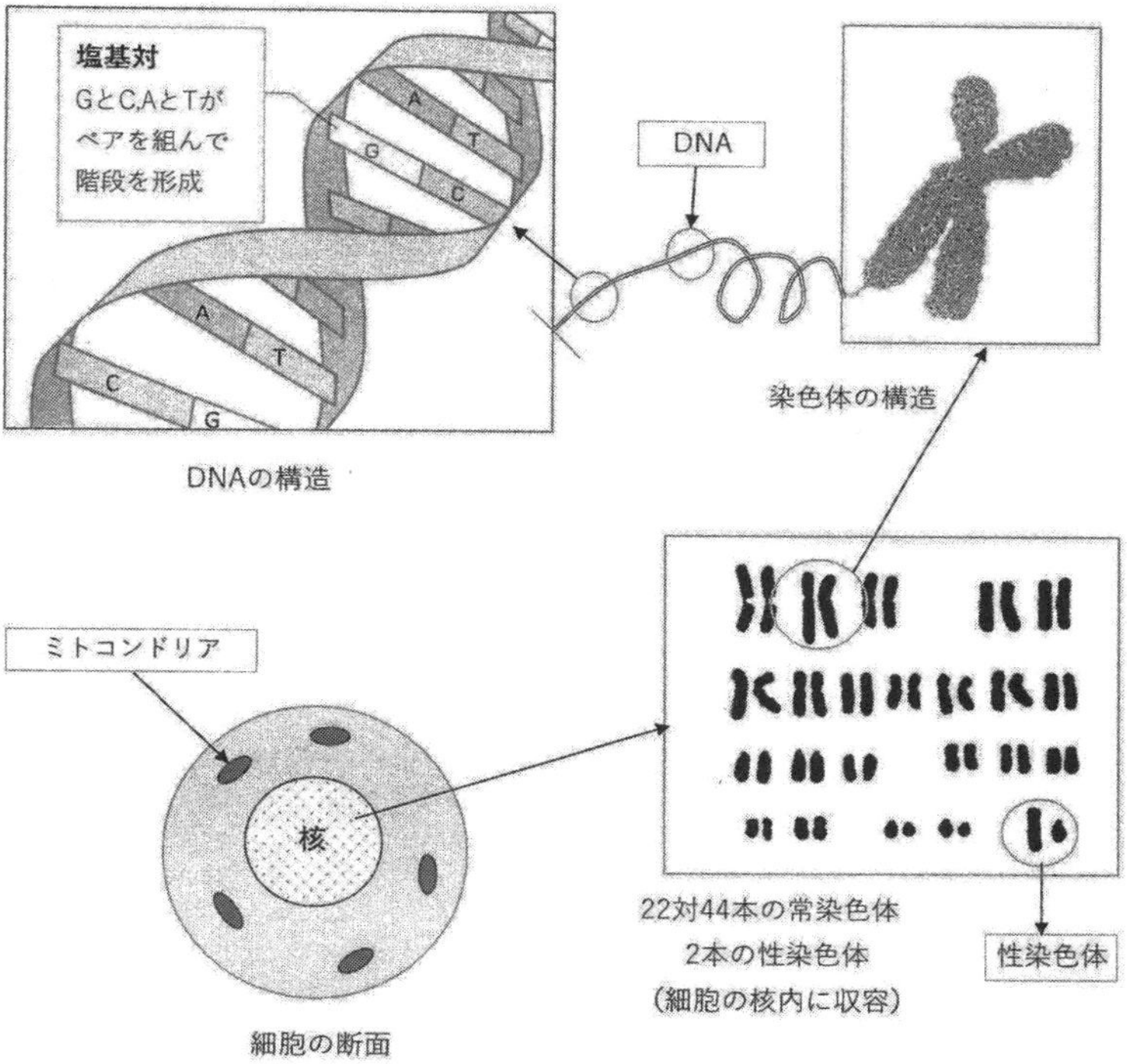

図 1-1　細胞と染色体の模式図

染色体の本数は23対46本あり、このうち22対44本は父親由来と母親由来のものが対をなし、常染色体と呼ばれています。常染色体は大きいものから番号がつけられ、内蔵される遺伝子数も大きい方が多い傾向にあります。

（注）遺伝子：ＤＮＡの中にポツリポツリと遺伝子領域があり、自分で自分のコピーをつくり出すＲＮＡ（リボ核酸）と様々なタンパク質をつくるところの総称です。そして46本の染色体には、合計で約２万２０００の遺伝子（領域）があります。

残る一対は性染色体と呼ばれ、女性は母親と父親から受け継いだX染色体から、男性は母親から受け継いだX染色体と父親から受け継いだY染色体からできています。

（注）Y染色体にある４５０個の遺伝子は約５１００万の塩基対のなかにあり、46本の染色体の合計では約32億塩基対にもなります。

そして「ある生物をその生物たらしめるに必要な染色体のセット」を〝ゲノム〟と呼び、ヒトの特徴はゲノムの中の遺伝子に書き込まれています。

減数分裂・遺伝子伝達のメカニズム

一般的なヒトの細胞は、分裂と死滅により常に再生と消滅を繰り返しますが、その度に核内の染色体数も23対・46本複製され、ＤＮＡも原則そのまま複製されていきます。

ただ性染色体の場合、女性の卵巣から卵子が生み出される時、まず卵母細胞（一次卵母細胞）の46本の染色体が複製され、２組できるのですがその時、同じ番号の染色体（相同染色体）が互いに接合し、ランダムに染色体の遺伝情報を交換します。これを「遺伝的組換え」と云います。（図１‐２）

こうして２つの46本の染色体を持った二次卵母細胞が誕生するのですが（第一分裂）、その遺伝情報は遺伝的組換えにより一次卵母細胞とは違ったものとなります。それが更に分裂（第二分裂）する時は、23本２セットの染色体も分裂し、各々23本１セットの染色体を持つ２つの生殖母細胞となります。

女性の場合、こうして１つの卵母細胞から４つの生殖細胞が生まれますが、卵子として残るのは１つであり、他の３つは消滅します。この卵子が卵巣から排出され、卵管内を通過中に精子と結合することで受精卵となって子宮に着床し、やがてヒトの誕生に至るわけです。

通常、卵母細胞は月に１個の割合で生まれますが、高齢化と共にその機能を失います。従って、女性は子孫を残しうる期間が短いのです。

男性の場合、精母細胞が作られ、一次分裂、二次分裂を起こし、誕生する４匹の精子は全てが生き残ります。（図１‐３）

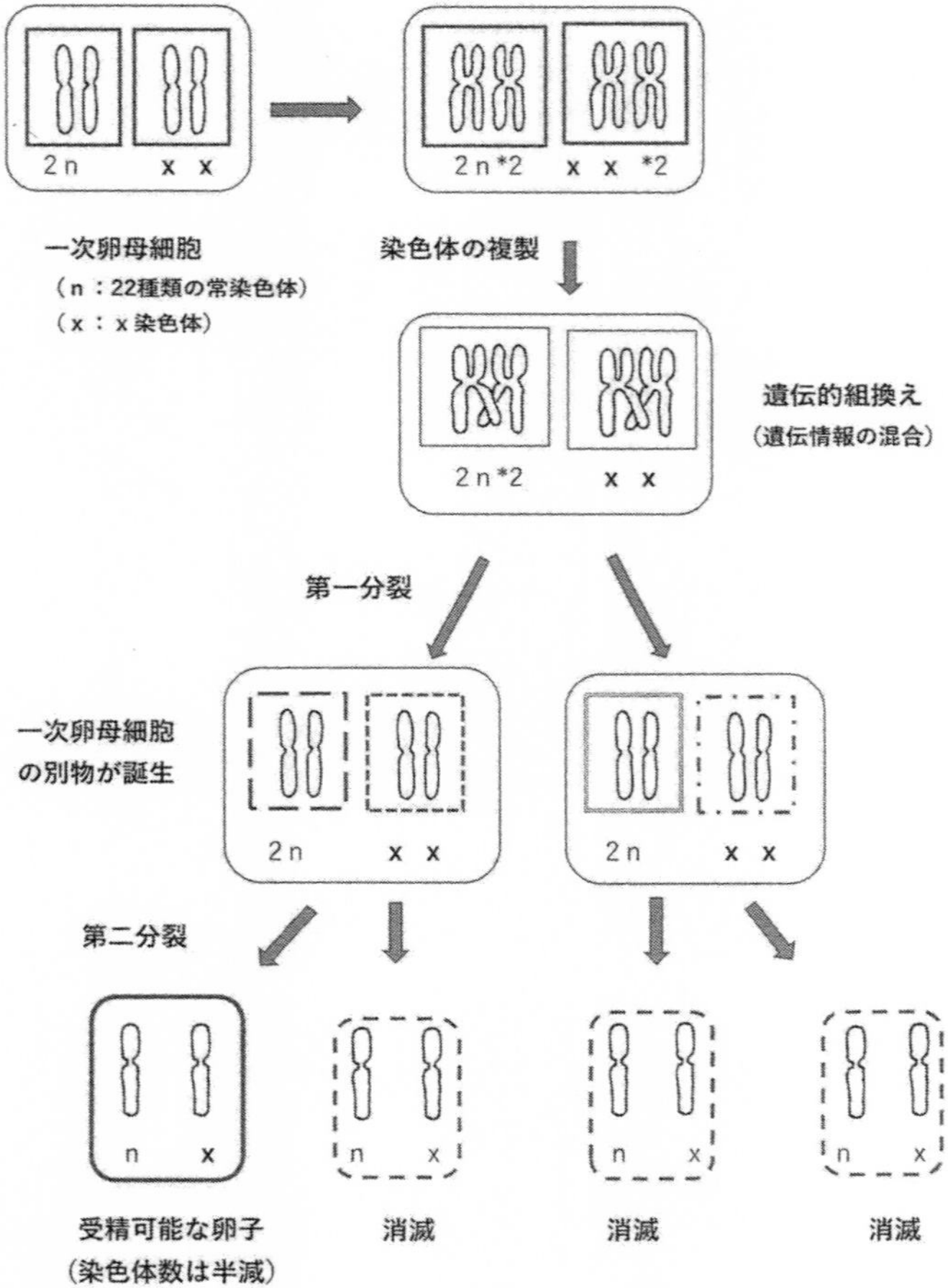

図 1-2　生殖卵母細胞の減数分裂

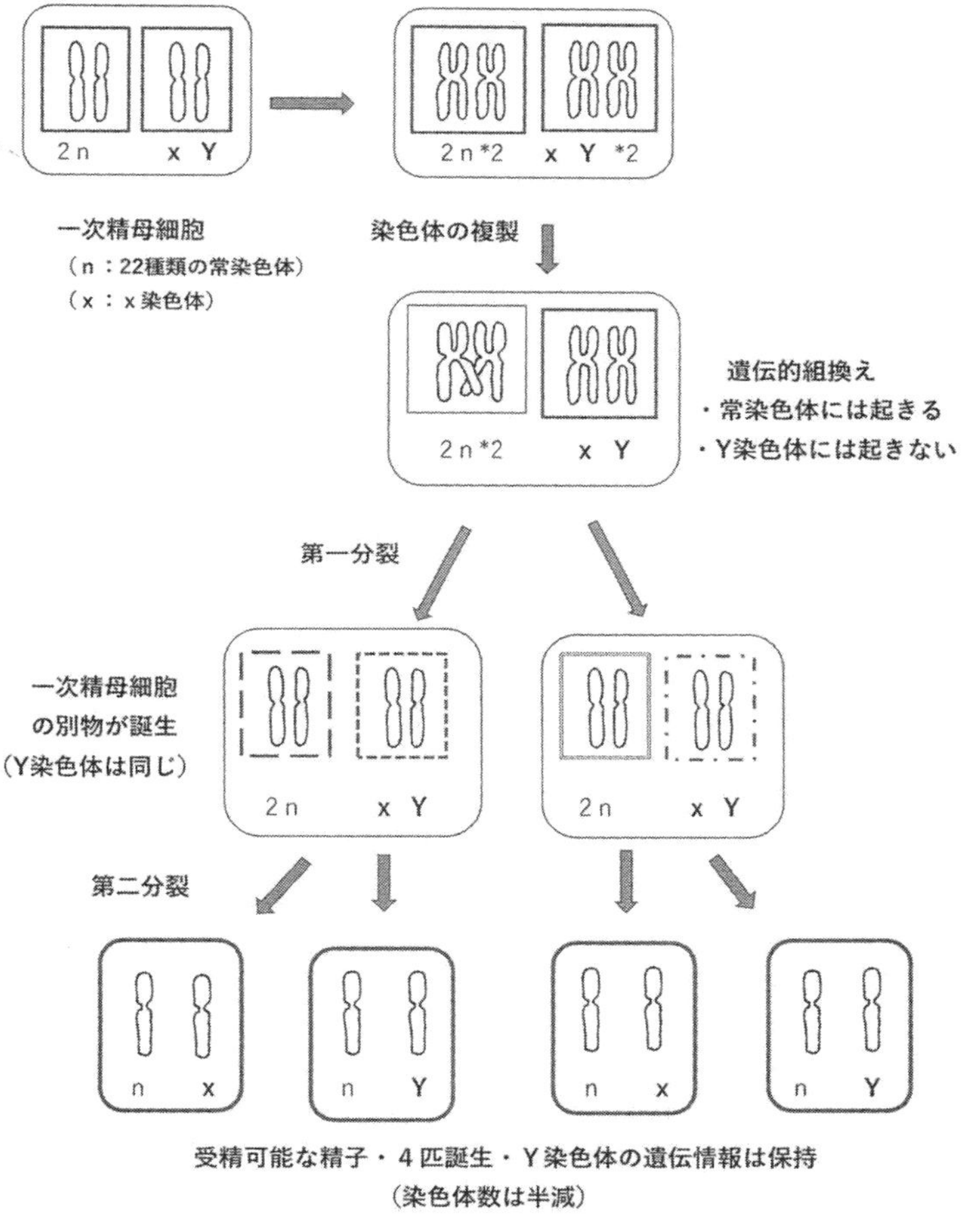

図 1-3　生殖精母細胞の減数分裂

精子は成人男性では毎日五〇〇〇万匹から一億匹造られ、高齢になれば数は減るものの死ぬまで作り続けられます。これが、条件が整えば男性には多くの子孫が遺せる理由です。

そして、卵子と性染色体Xを持つ精子で受精が起こると女性が誕生し、卵子とY染色体を持つ精子が受精すると男性が誕生することになります。両者の結合により染色体は加算され、細胞には23対46本の染色体が収容されることになります。

同じ父母から生まれた兄弟でも姿かたちが異なり、ある部分は父に似、ある部分は母に似るのは、この遺伝的組換えと結合によります。

ここで注目すべきは、一次精母細胞から染色体が複製され、第一分裂が起きるときにY染色体には相同染色体が存在しないため、遺伝的組換えが起きないということです。（図1-3）

このことにより、Y染色体は父から子へ、子から孫へと伝えられ、その間に起きた突然変異もそのまま伝えられ、これらの変異を追うことで男性のルーツを辿ることができるのです。

「出アフリカ説」を論証したｍｔＤＮＡ研究

このようにY染色体には優れた特徴があるのですが、実際、研究が行われたのは細胞内のミトコンドリアＤＮＡ（以下　ｍｔＤＮＡ）からでした。それは構造が単純であり、採取も簡単、構成する塩基対も約一万六五〇〇と少ないからです。

（注）ミトコンドリアは呼吸反応（内呼吸）を担うと同時にエネルギー源をつくり出します。

一般の細胞には数十個存在し、小さな環状のDNAを持っています。

では、なぜmtDNAによりルーツ研究が可能となるのか。受精（精子が卵子の中に入る）のとき、精子のミトコンドリアは消滅し、受精卵に残るのは卵子のミトコンドリアのみとなります。そして母のミトコンドリアは子へと伝えられ、女子が生まれ続ける限りmtDNAに生じた変異もそのまま子孫へと伝えられるからです。

「こうしていろいろな人同士のDNAを比べることによって、共通の祖先が持っていたタイプから今ある変異がどのような順番で分かれていったかが推定できます。ミトコンドリアDNAでは女性の、Y染色体のDNAでは男性の系統がどのように分岐していったのかを知ることができるのです」（篠田謙一『日本人になった祖先たち』NHKブックス、二〇〇七年　22）

このように書いているのですが、氏は屡々《しばしば》「mtDNAからヒトの系統を知ることができる」と書き、語るので注意が必要です。

一九八〇年代、カリフォルニア大学バークレイ校のレベッカ・キャンとアラン・ウイルソンのグループは、多くの民族を含む一四七人のmtDNAの変異を調べ、即ちmtDNAのハプロタイプを分析し、それらの共通祖先とその年代を推定しました。

（注）〝ハプロ〟とは〝単一〟という意味であり、この場合は母方のみの変異を受け継いでいるのでハプログループやハプロタイプという言葉が使われます。

一九八七年、彼らは人類の多様性に関する最初の論文を発表したのですが、それは、「今地球上にいる女性はアフリカにいたであろう一人の女性に辿《たど》り着く」というセンセーショナルな内容でした。

この話は聖書に結び付けられ、直ぐに「ミトコンドリア・イヴ」の発見という大ニュースになったのですが、無論、イヴという一人の女性が全世界の人々の共通祖先ということではありません。今、地球上に存在する女性のある者の祖先はアフリカにいたであろう一人の女性に辿り着く、という意味です。

彼らが行った分析とは、一四七人のｍｔＤＮＡの配列がどのような関係にあるのか、云わば系統樹を構築することでした。その結果、最も大きな変異を持っていたのがアフリカ人でした。つまり、アフリカ人女性が他のどの地域より長い間その地に留まっていた最古集団であり、今地球上に暮らしている女性の祖先はアフリカで誕生したことが分かったのです。

さらに彼らは、分子時計理論に基づき「新人の共通祖先は約12～20万年前に誕生した」と結論付けました。

こうして、ある女性がアフリカの赤道地帯を南北に縦断する東アフリカの大地溝帯辺りで

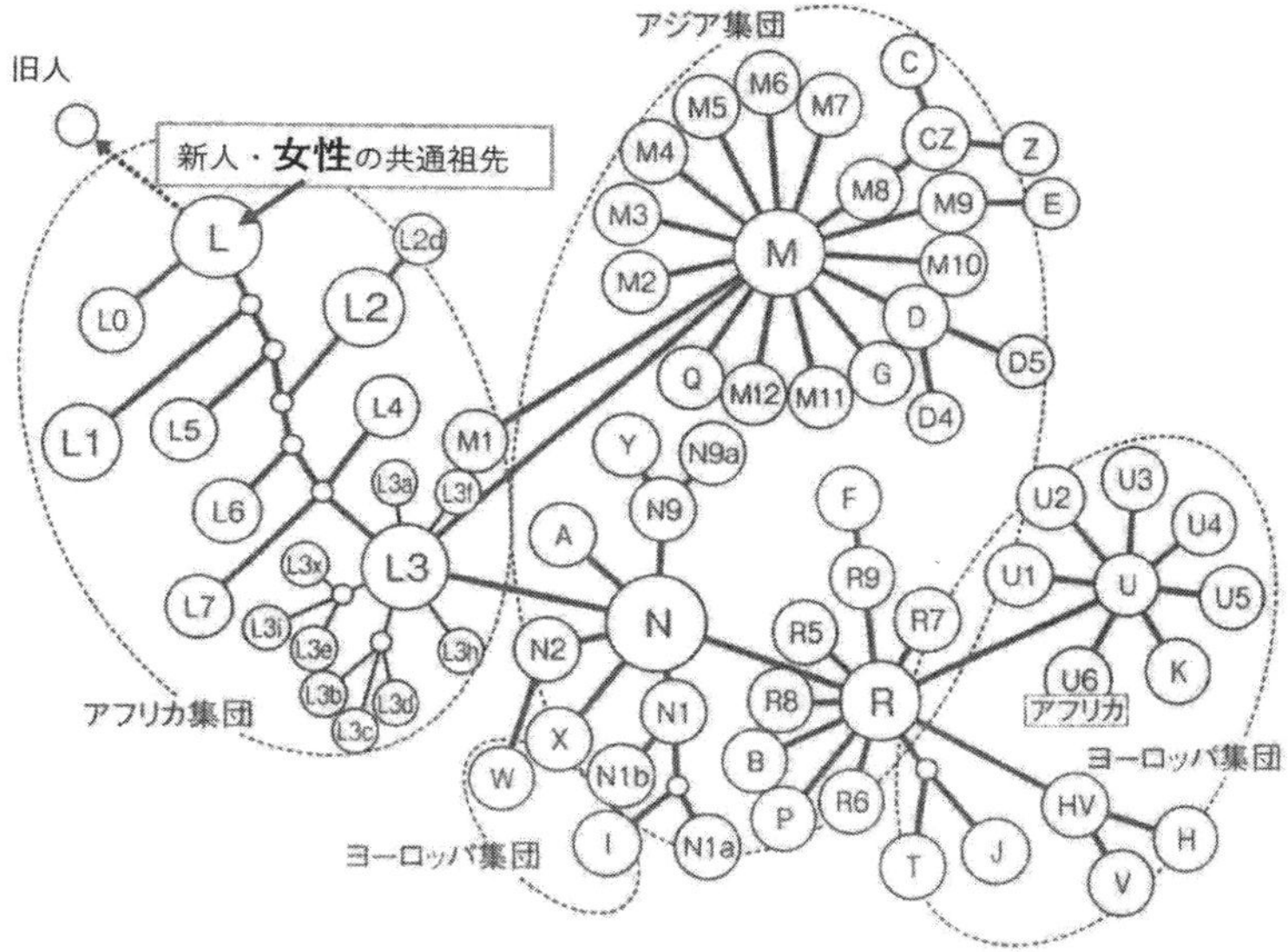

図 1-4　mtDNA ハプログループ間の系統関係
（篠田謙一『日本人になった祖先たち』P62 図 3-2 より改変）

誕生し、世界へと拡散して行ったことが導き出されたのです。（図１‐４）

この〝出《しゅつ》アフリカ説〟は、長らく信じられていた〝多地域進化説〟、即ち「約一八〇万年前にアフリカを離れて各地に拡散した先行人類が、各地で進化して今日の新人になった」に代わる新たな概念として確立したのです。

ルーツ解明はｍｔＤＮＡからＹ染色体へ

ヒトは細胞分裂により生命を維持していますが、常に同じものが複製されるわけではなく、時に違って複製（突然変異）されることがあります。仮にそれが癌細胞となった場合、これも一日数千個作られていますが、人体の防御機能はそれらを消滅させ、時に自死（アポトーシス）し、ヒトの健全さは保たれています。

現在ではヒトゲノム全体の解析も出来るようになりましたが、性染色体を除く22対の常染色体から抽出した突然変異（マーカー）を追っていくことでヒトのルーツを辿れるか、というと現時点では限定的です。なぜなら、減数分裂を起こす過程で遺伝的組換えが起き、受精のときに遺伝情報が混ぜ合わされることで変化が起きた順序を追うことが困難だからです。

例えば、日本人と云っても多くのY染色体のハプロタイプがあり、それぞれヒストリーが異なり、一くくりにして決めつけることはできません。

スタンフォード大学などの研究者は全ゲノム解析による系統樹を作っていますが、それは単に人類の祖先がアフリカに行きつくという、従来の説を再確認したに過ぎないのです。現時点では、各民族の特徴や違い、或いは近遠関係を明らかにすることが主となっています。

では、突然変異が性染色体に起きたらどうなるか。

例えば、女性は2本、男性は1本持っているX染色体に起きた場合、減数分裂の過程でX染色体間の遺伝的組換えが起こるため、ある突然変異が何時、何処で起きたのかは特定できません。更に、女性の持つX染色体の1本は母親から、もう1本は父親から受け継ぐので次の世代ではこの混合も起き、遺伝情報の変異の順序を辿ることはできないのです。

それに代わる、ヒトの移動の歴史を詳細に推定できる性染色体が、父から子へ、具体的には男児へと伝えられるY染色体です。

Y染色体では遺伝的組換えが起きず、突然変異はそのまま子から孫へと伝えられます。この特徴は、人類のルーツを辿る最も有益な手段を提供することになります。（図1‐3参照）

Y染色体には、過去に起きた突然変異の痕跡が大量に蓄積されており、蓄積された突然変異の順序は保たれ、高い精度で集団の分岐や発生時期の推測が可能となるからです。

即ち、アフリカに誕生したヒトがどのように地球上を拡散していったのかを追求するにはY染色体が優れており、DNA解析技術や機器の進歩も相まって二一世紀になって急速に研究が進みました。

わが国では、未だにｍｔDNA解析からヒトの移動や拡散を説明する学者がおりますが、もはや時代遅れの観があります。

Y染色体の「遺伝子マーカー」と系統樹

世界各地の人々のY染色体分析により、何千もの遺伝子マーカーが明らかになり、これを追うことで、新人がアフリカを旅立ち、最後に南アメリカの南端に辿り着いた数万年の経路を辿ることができるようになりました。

遺伝子マーカーとは、特定のヒト集団に見られるDNA配列の特徴的な塩基配列であり、

Y染色体を比べる目印となるものです。これには一塩基多型《たけい》（SNP：DNAの特定の位置で、一つの塩基が別の塩基と入れ替わった配列）やマイクロサテライト（塩基の短い反復配列）などがあります。

そしてヒトの系統を区分するハプログループとは、突然変異によって生まれた同じSNPを持つ人々が、ある集団の中で1％以上の集まりとなった場合を新たな誕生としています。その集団が新たなハプログループを形成していきます。

こうして人口が増え、人口圧によりアフリカを出た集団は、新たに住みついた地域で人口増加に成功すると、新たな集団が誕生し、その地もやがて飽和状態になり、その集団は旅立っていく。このことが繰り返され、人類は世界中に拡散して行ったと考えられます。そしてハプロタイプを確定し、ヒトの流れを表したのを〝Y染色体系統樹〟といいます。

二〇〇二年にハマーが中心になり世界のY染色体を分類した系統樹を作成したのですが、細かすぎて分かりづらいので、少し単純化し、要点のみを記して作成したのが〈図1-5〉です。

では、現在、地球上に存在する各民族のY染色体分析から、アフリカを旅立った人々がどのように拡散していったのか、そのルートを追ってみましょう。

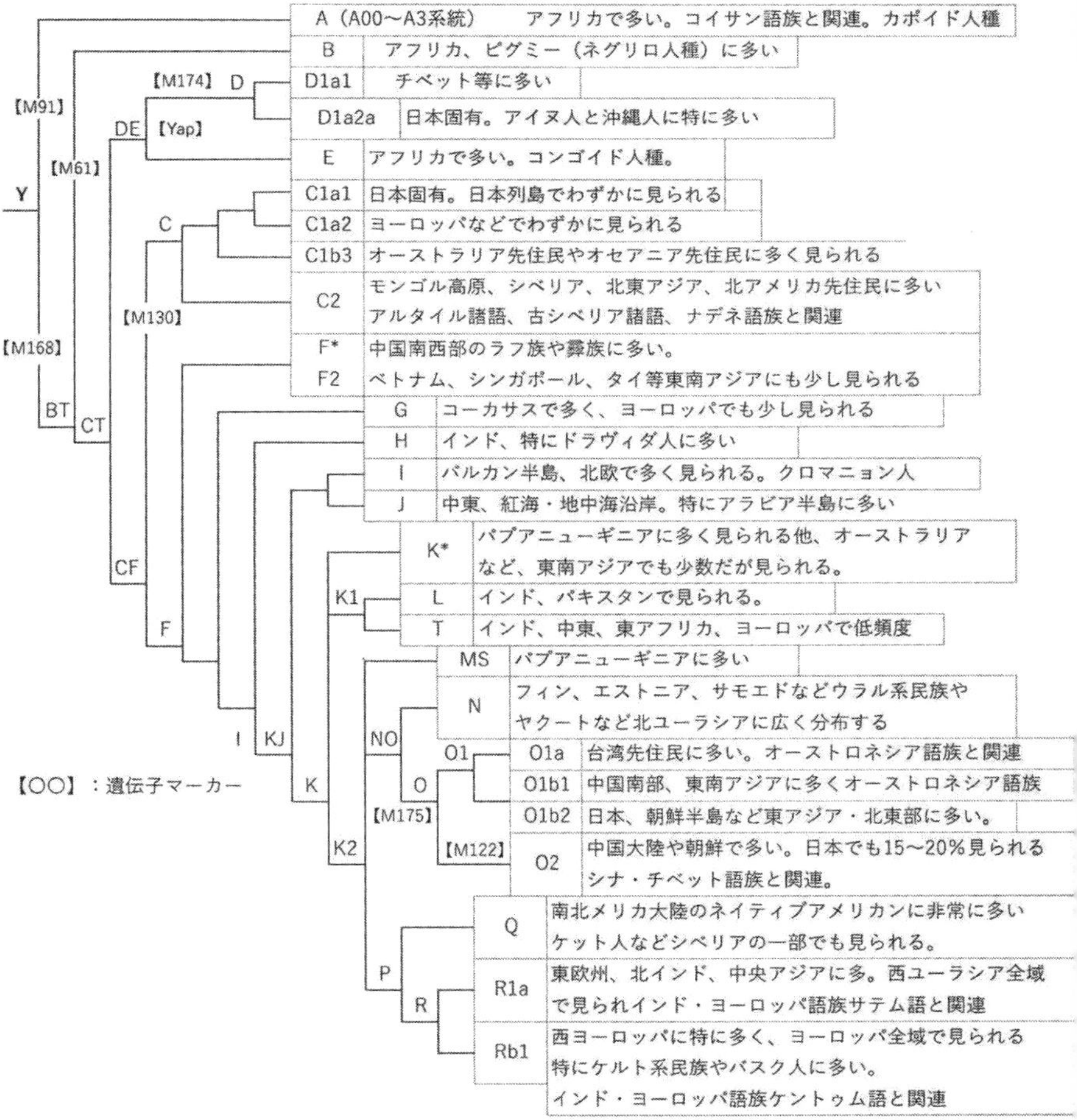

図1-5　Y染色体ハプログループと遺伝子マーカー
（ウィキペディアと中堀豊著『Y染色体からみた日本人』より作成）

不可解な「Y染色体に基ずく拡散図」

最初に調べたのが、新版『日本人になった祖先たち』でした。その58頁に「Y染色体DNAのハプログループから類推された世界への拡散の様子」（Wells 2002より改変）なる図が載っていました。

私は「どこかで見たことがある」と思い、旧版の『日本人になった祖先たち』を開くと193頁に全く同じ図が載っていました。（図1-6）

新版は旧版の一二年後、二〇一九年に発刊され、この間、全く変わっていないのは「これは当時から確定した定説なのだろう」と思っていました。それでも、この図には不可解な点が幾つかありました。

① この図が正しいなら、女性はいざ知らず、男性はシナ大陸や朝鮮半島から日本にやってこなかったことになります。

② ハプログループDが東南アジアから日本を通って北アメリカに移動する流れにいたのなら、チベットに多いハプログループDは何処からきたのか不明です。

③ 同様に、モンゴル人に特有なハプログループCはどこからきたのか。インドネシア辺りで消えているが、これではモンゴルに至れません。

さらに調べると、『DNAでわかった日本人のルーツ』（斎藤成也監修、宝島社、二〇一六）の図8、

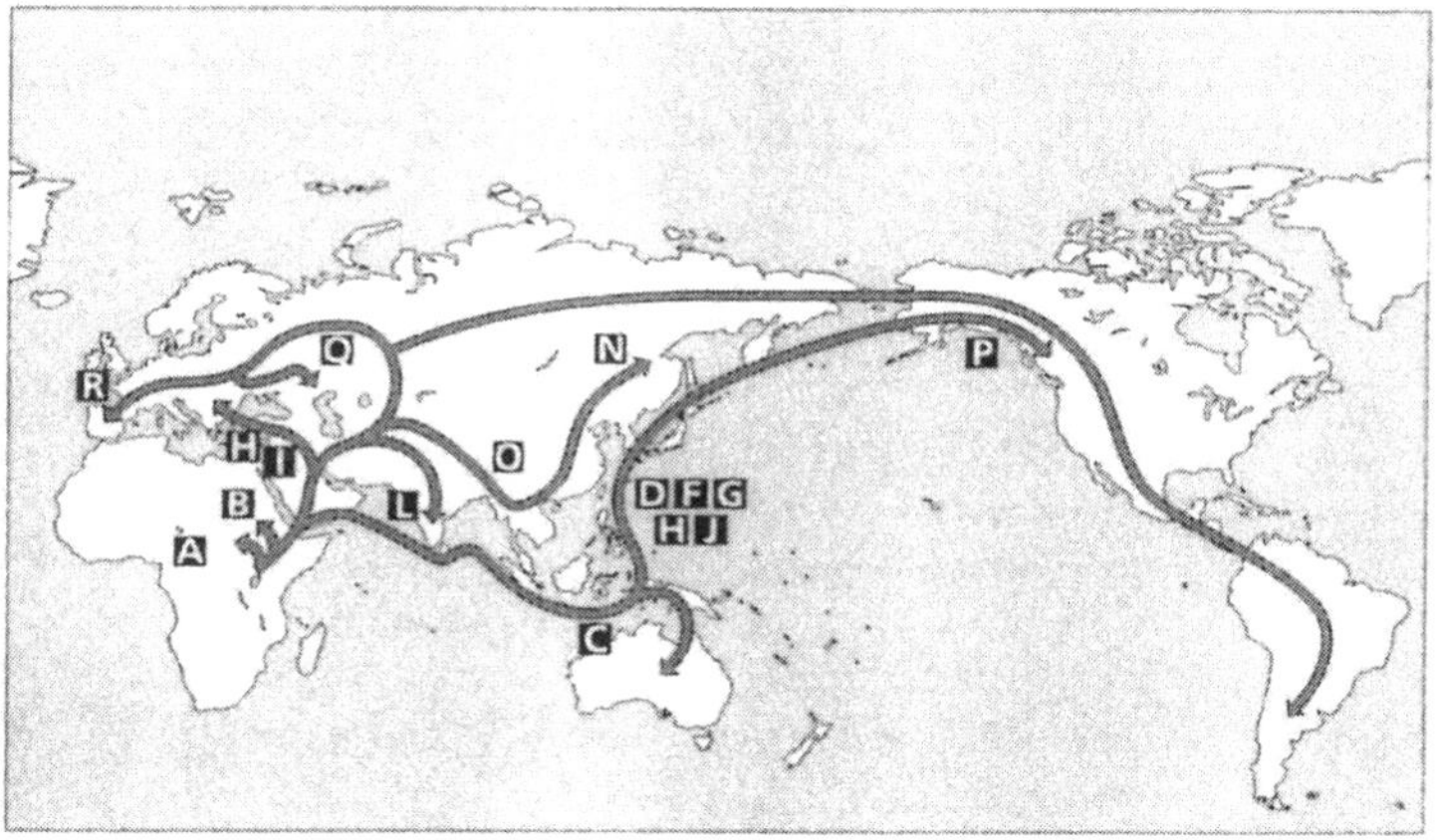

図 1-6　Y染色体から類推された男性の拡散
（『日本人になった祖先たち』P193 より）

「Y染色体で辿る人類の拡散経路」に次のような説明があることを知りました。

「一万六五〇〇塩基対しかもたないミトコンドリアDNAに比べて、Y染色体の総塩基対数は五一〇〇万にも達するため、集団を識別する能力は高まる。そのため特定の系統だけに見られる遺伝子変異を参考にすることで、西アフリカに暮らしていたY染色体アダムの子孫が、どのようなルートを辿って全世界へと拡散して行ったのかが解明されている。

出典：The Genographic Project【http://news.bbc.co.uk/2/hi/science/nature/4435009.stm】より作成」(41)

「解明されている」として提示された〈図8〉とは〈図1-7〉のことです。この図は〈図1

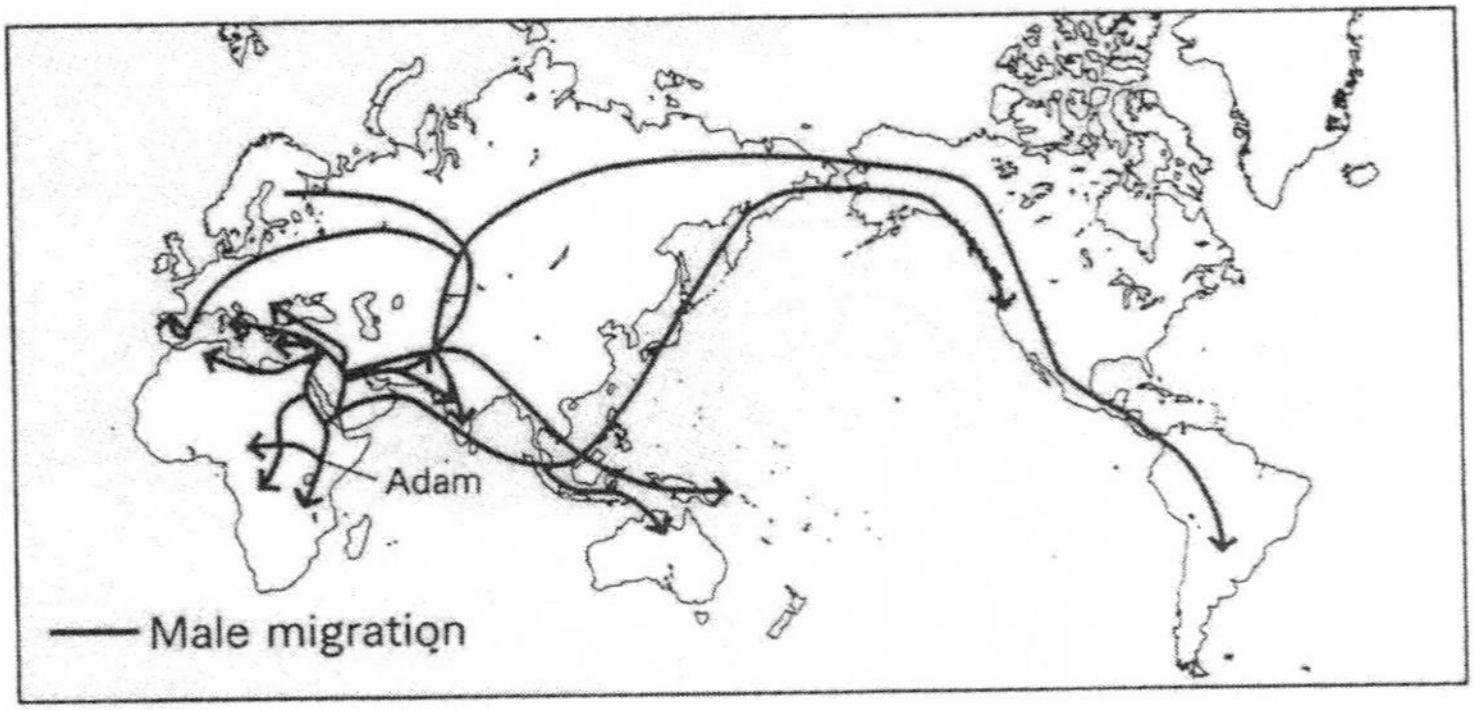

図 1-7　Y 染色体で辿る人類の拡散経路
（『DNA でわかった日本人のルーツ』P41 より）

-6〉に似ているのですが、不思議なことにシナや半島が空白域になっており、ここには男性がいないことになっていました。これではシナや半島と日本との交流など起こりえません。

Y染色体から類推された二つの拡散経路図を見て、「専門家の本に書かれた拡散図がこうも違っているのはなぜだろう」と不思議に思ったものです。

斎藤成也氏が描く「新人の拡散ルート」

そこでこの本の監修者、斎藤成也氏が提示する拡散ルートを知りたくなり、氏の本を買い求めました。それが『日本人の源流』（河出書房新社、二〇一七年）です。氏は国立遺伝学研究所教授、総合研究大学院大学遺伝学専攻教授、東京大学生物科学専攻教授という輝かしい肩書の持ち主であり、期待が持てたのです。

「図7に過去20万前における新人の地球上における

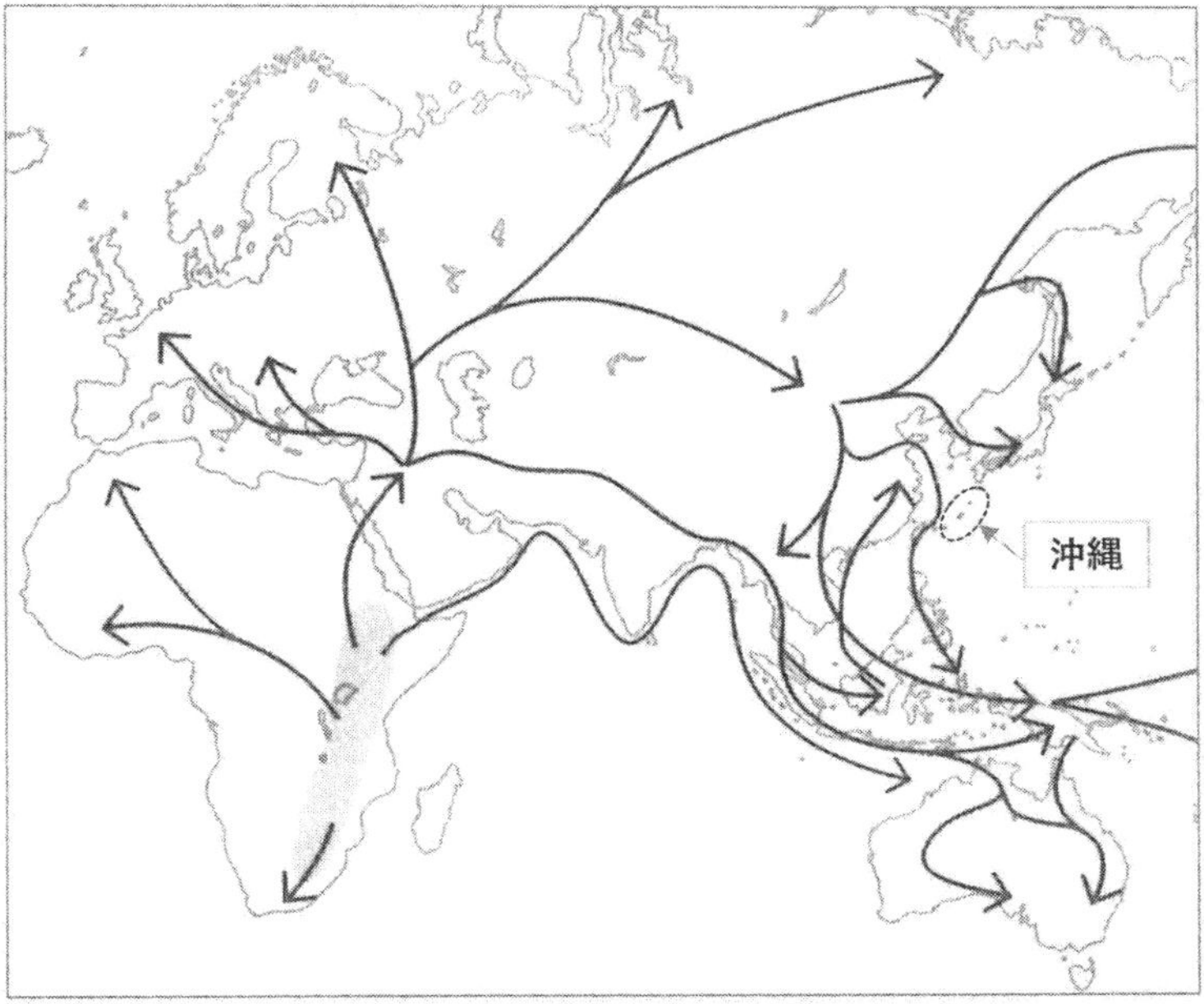

図 1-8　新人が地理的に拡散していった想定経路
(『日本人の源流』P41 の図 7 の部分に加筆)

拡散経路をしめした。これは、二〇〇五年に刊行した『DNAからみた日本人』にかかげた図、図5の系統樹、およびほかの論文に、わたしの研究グループの最近の成果もくわえて作成したものである」(39)

それが〈図1-8〉です。この図を見て直ちに「これはダメだ」と失望させられました。その理由を二つだけ挙げておきます。

① 沖縄で多くの旧石器時代の人骨が発見されているのに(第二章　表2-1参

照）、この図は新人が沖縄にやって来ていないことになっている。

② 日本語とは、東シベリアの現代ツングース諸語と南方系のオーストロネシア諸語との混合語であるのに、南方からのヒトの流れが書いていない。

なぜこんなことが起こるのか。あれだけの肩書を持つ氏も単なる一分野の専門家に過ぎず、この図には「わたしの研究グループの最近の成果」も加えたとのことですが、このグループには考古学者や言語学者は参画していなかったと思われます。少なくとも考古学者が参画していれば、あり得ない図だからです。

日本人のルーツのような研究には、多くの分野から検討を加えなければならない、と云う川喜田次郎教授の教えを思いださせる出来事でした。

ジェノグラフィック・プロジェクトが示す「ヒトの拡散図」

万策尽きた私は、前記の出典サイトを開くことにしました。すると二〇〇五年四月十三日のポール・リンコン記者（BBCニュース科学記者）の「DNAでヒトの拡散を辿るプロジェクト」なる記事に行きあたったのです。（以下　私訳・概要）

《この計画は、DNAを根拠に五大陸へのヒトの拡散の歴史を明らかにすることを目的としている。所謂《いわゆる》ジェノグラフィック・プロジェクトは、アフリカを旅立ったヒトが如何《いか》にして世界各地へ拡散して行ったのかを描くため、世界中から一〇万以上のDNAを集めることにした。

先住民族や一般市民から集められたDNAサンプルは、貴重な遺伝子データを抽出するために研究とコンピュータ分析を受け解析される。

チームリーダーであるスペンサー・ウエルズ博士はこの計画を〈人類学におけるアポロ計画〉のようなものだと言っている。四〇〇〇万ドルの民間資金によるこの計画は、ナショナルジオグラフィック協会、IBM、ウェイト・ファミリー財団の慈善団体の協力により推進された。

この五年間の研究計画に参画するのは、世界トップの遺伝学者、古代DNAの研究者、言語学者と考古学者である。（言語学者と考古学者を参画させたのは流石《さすが》である：訳者注）

【未来へのリソース】

「私たちは、この計画は人類の未来にとって大いに役立つ有用なものと信じている。そしてかつてない遺伝子のデータベースとなり得る可能性を秘めている」とウエルズ博士はBBCのウェブサイトで語った。

既に遺伝子学と考古学から明らかなように、新人（ホモ・サピエンス）はアフリカで今から約20万年前に誕生した。そして最初の新人はおよそ6万年前にアフリカを旅立ったと考えられている。Y（男性の系統を示す）染色体とミトコンドリアDNA（母系を示す）の研究により、科学者はそれらの断片を繋ぎ合わせ、どの民族が何時ころ、何処に移動して行ったかを一挙に描きあげた。そして不十分な点といえば、この計画によって解決されるであろう枝葉末節的な部分にすぎない、とウエルズ博士は言う。（中略）

そして人類の拡散ルート研究のディレクターは、データベース情報はこの研究に従事している如何なる研究者においても利用可能となっている、と強調した。

「私たちはこの研究成果を人類の共有財産と見做している。私たちは何らパテント的制限を加えようとしていない。即ちこの情報はパブリック・ドメイン（著作権を要求しない情報）の一つと考えている」とウエルズ博士は明言した》

こうして提示していたのが〈図1-9〉であり、注記に次のようにありました。（私訳）

「・この図は様々なY染色体の亜型（ハプロタイプ）から得られた研究結果を根拠に、最初のヒトの移動ルートを示している。全てのY染色体の変異の順序を辿ることでアフリカに誕生したアダムに辿り着き、それは男性の共通祖先を意味する。

・この研究は、世界中のある地域に大昔から住んでいる人々から合計1万人のY染色体DNAを採取し、その解析結果に基づいている。（出典　ジェノグラフィック・プロジェクト）」

HUMAN MIGRATION ROUTES

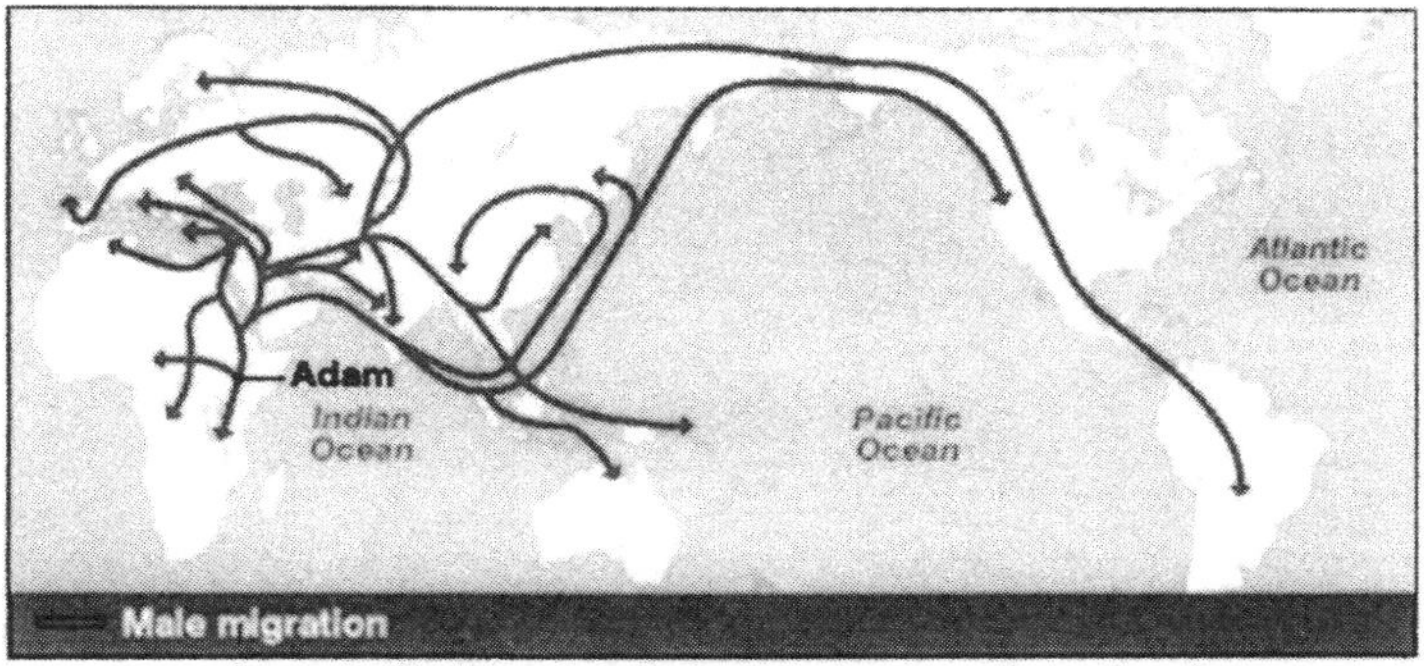

- Map shows first migratory routes taken by humans, based on surveys of different types of the male Y chromosome. "Adam" represents the common ancestor from which all Y chromosomes descended
- Research based on DNA testing of 10,000 people from indigenous populations around the world

Source: The Genographic Project

図1-9　新人の移動ルート
（ジェノグラフィック・プロジェクトより）

特筆すべきは、「アフリカを旅立った新人は、何度も東南アジアから台湾、沖縄、日本を経由して大陸へと移動していった」点です。日本人研究者が描いた図のほとんどは「半島から日本へとやって来た」であり（図1-8参照）、真逆の結果が新鮮な驚きでした。

合計1万人にも及ぶY染色体DNAを採取し、その解析結果に基づいて描き上げたこの拡散図の信憑性は高いと判断されます。なぜなら、〈図1-6、図1-7、図1-8〉から解けなかった疑問がきれいに解けるからです。

①旧石器時代の日本と大陸との関係が明らかにされている。
②ハプログループDが日本とチベットに多い理由が分かる。
③同様にモンゴル人に特異的なCの系統が日本に一定割合いることも理解できる。

処で、ジェノグラフィック・プロジェクトを紹介した斎藤成也氏監修の本は、なぜ〈図1-9〉を知りながらそのまま載せず、敢えて改変したのか。理解困難な話でありました。

日本人男性の約90%のご先祖様は縄文人だった!

次に筆者が手にしたのは、篠田謙一編の別冊日経サイエンス194『化石とゲノムで探る人類の起源と拡散』（日経サイエンス社、二〇一三年）でした。この本の67頁に「時系列でたどるY染色体の旅」なる図が載っており、次なる説明文がありました。

「世界各地の男性のY染色体に含まれている遺伝子マーカーを調べれば、大昔の人類の移住経路を追跡できる。M168やM89といったマーカーは男性の系統を識別し、その系統がどこで生じたかを知ることができる。マーカーを使って現代の多数の人々を調査し系統樹を作ることによって、それぞれの系統のおおよその古さが決定できる」

この図と〈図1‐8〉はほとんど同じなのですが、若干の違いがあり、両者の長所を生かして作成したのが〈図1‐10〉（南北アメリカ大陸は割愛）です。さらに各ハプロタイプの移動を推定するため、沖縄、本土日本、チベット、モンゴル、朝鮮、漢族（北）、漢族（南）、ベトナム、タイのY染色体ハプログループ割合を表したのが〈図1‐11〉です。

そして遺伝子マーカーをベースに、次の4項目を関連付けて考察することで、アフリカを旅立った男性集団がどのようなルートで日本へやって来たかを知ることが出来るのです。

①Y染色体の系統樹
②Y染色体のマーカーを用いた拡散ルート
③諸民族のハプロタイプの割合
④各遺伝子マーカーの発生年代

なお、各遺伝子マーカーの発生年代は、『THE JOURNEY OF MAN』（SPENCER WELLS PRINSTON SCIENCE LIBRARY）の推定値などを参考にしています。

一、〈M168〉はアフリカで人類が出現した後、比較的初期に誕生したタイプです。Y染色体の系統樹・〈図1‐5〉にある〈M168〉と〈図1‐10〉にある〈M168〉を見比べることで、〈M168〉は約6万年前にアフリカを出たヒト集団の大本であることが分かります。

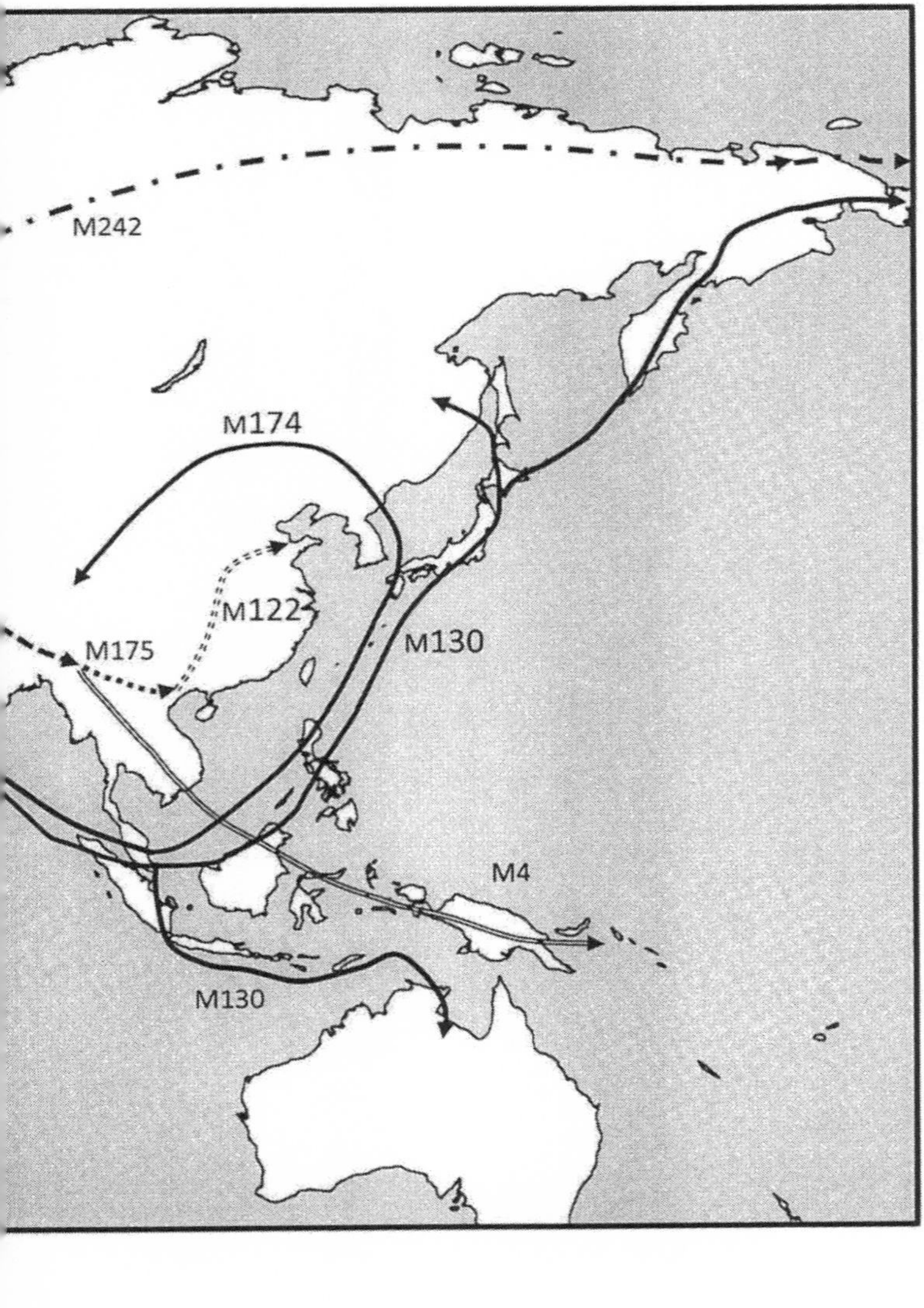
M242
M174
M122
M175
M130
M4
M130

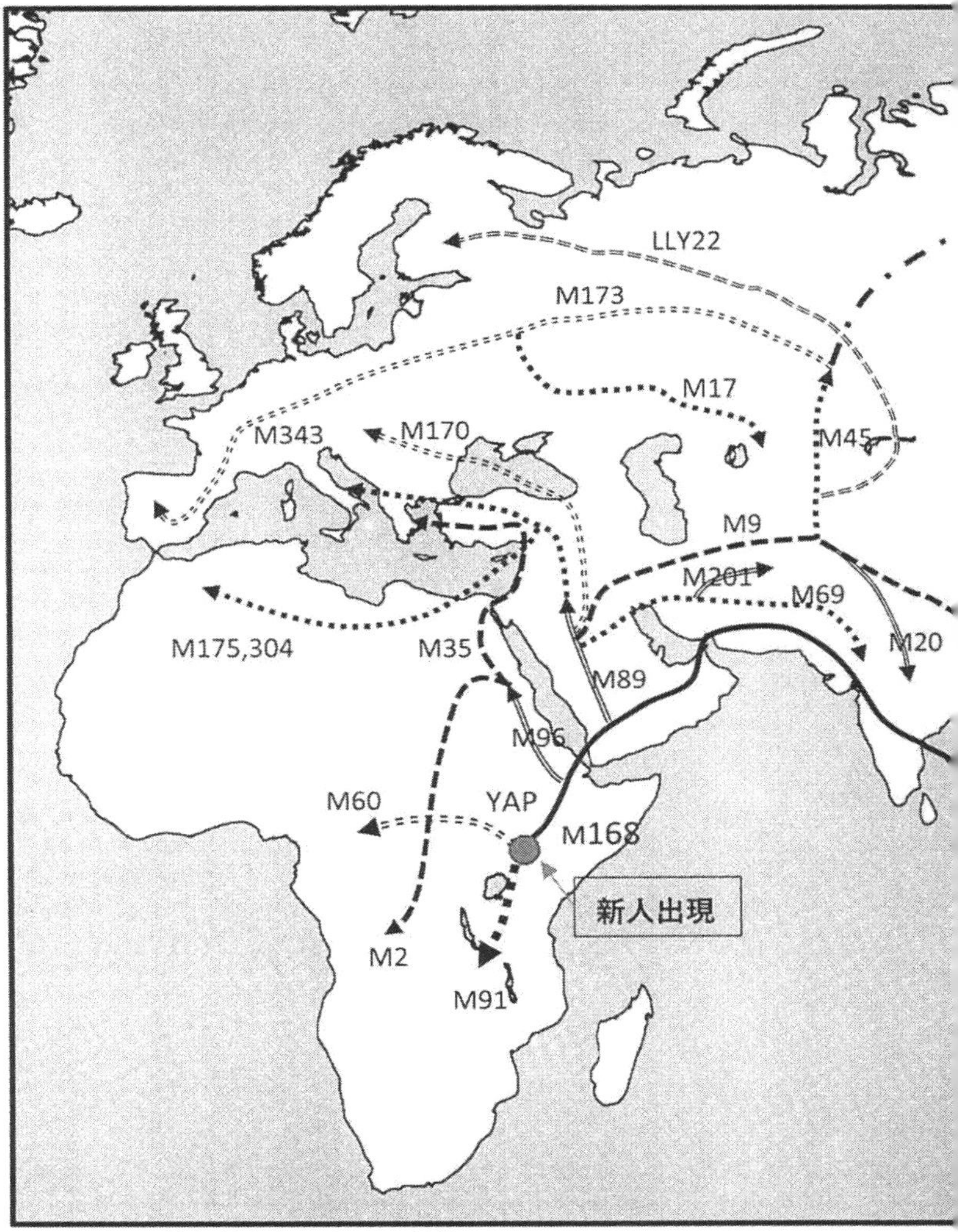

図 1-10　Y 染色体からみた人の拡散

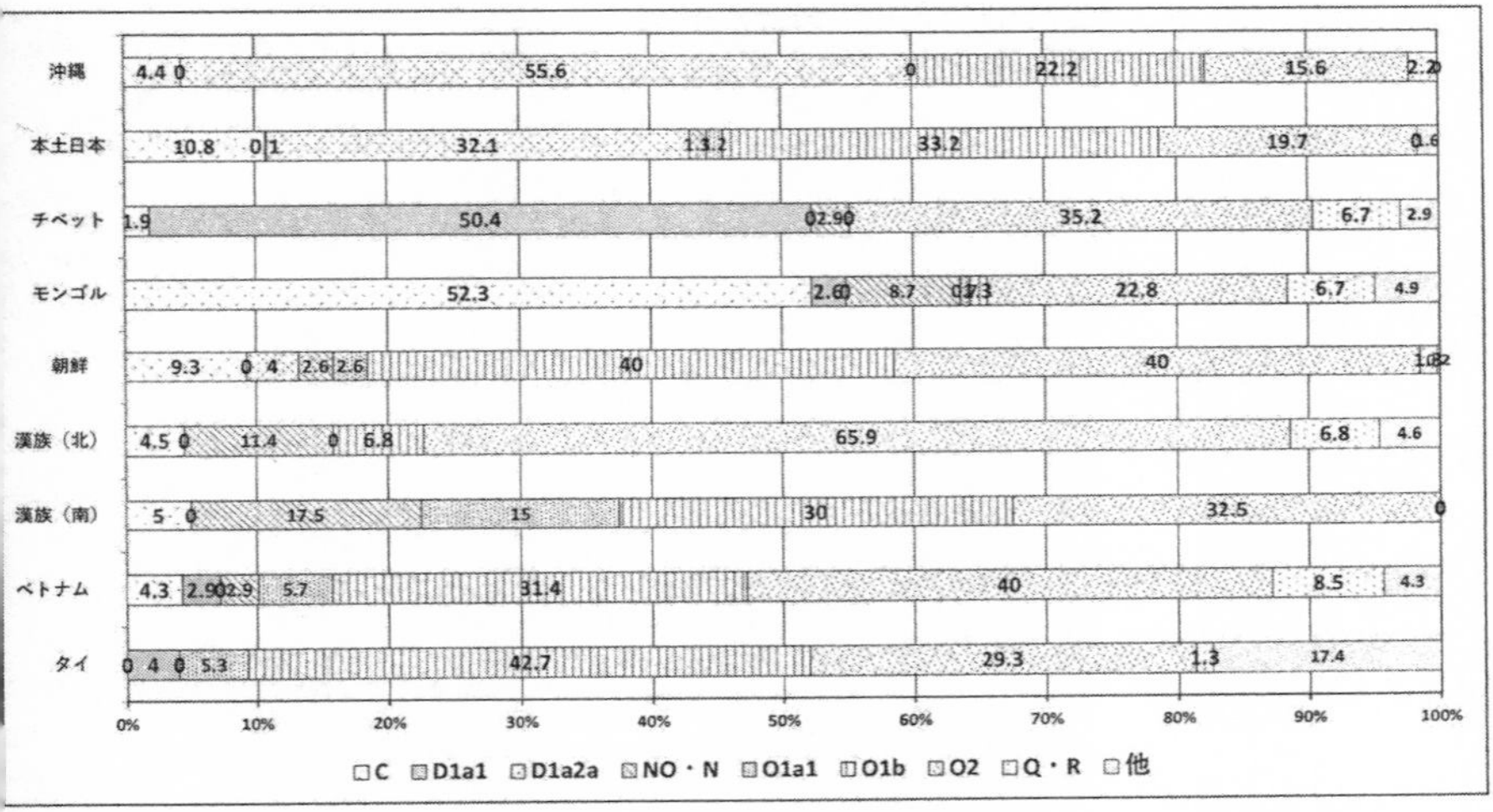

		C	D		NO・N	O			Q・R	他	n	備考
			D1a1	D1a2a		O1a1	O1b	O2				
日本	沖縄	4.4	0	55.6	0	0	22.2	15.6	2.2	0	45	Hammer et al.2006
	本土日本	10.8	0.1	32.1	1.3	1.2	33.2	19.7	0	1.6	2390	Sato et al.2014
東アジア	チベット	1.9	50.4	0	2.9	0	0	35.2	6.7	2.9	105	Hammer et al.2006
	モンゴル	52.3	2.6	0	8.7	0.7	1.3	22.8	6.7	4.9	149	
	朝鮮	9.3	0	4	2.6	2.6	40	40	1.3	0.2	75	
	漢族（北）	4.5	0	0	11.4	0	6.8	65.9	6.8	4.6	44	
	漢族（南）	5	0	0	17.5	15	30	32.5	0	0	40	
東南アジア	ベトナム	4.3	2.9	0	2.9	5.7	31.4	40	8.5	4.3	70	Hammer et al.2006
	タイ	0	4	0	0	5.3	42.7	29.3	1.3	17.4	75	Trejaut et al.2014

図 1-11　日本人および周辺諸民族のＹ染色体ハプログループ割合
（出典：フリー百科事典〔ウィキペディア〕から文献根拠の確かなデータを基に作成）

二、〔YAP〕とは7万~7・5万年前にアフリカで誕生し、DとE系統に分かれ、約6万年前に東に向かったのが〔M174〕のD系統です。

このD系統集団の流れの中に、ベンガル湾に浮かぶアンダマン諸島、フィリピン・マクタン島、沖縄、日本列島、アイヌがあり、それは大陸に及び、チベット族などの主体を構成しています。そして様々なサブグループが生まれ、チベットに移動した人々はD1a1（旧名称D1a）、日本、沖縄、アイヌはD1a2a（旧名称D1b）と分れているのは、別民族として行動を異にしたからです。

従って本土日本人：32・1%、沖縄：55・6%が持つこのタイプは、朝鮮に痕跡が認められるものの、日本以外の東アジアには見当たりません。彼らは縄文系の人たちです。

三、〔M130〕は約5万年前、〔M168〕から分岐して西南アジアで誕生し、ほぼD系統と同じルートを辿って約4万年前に日本へやってきました。日本で人口を増やした彼らの多くは大陸へと移動して行ったものの、一部が残ったため、日本人の中にもこのハプロタイプを持つヒトが一定割合を占めています。従って、C系統も縄文系の人たちです。

なぜなら、いかに歴史を遡っても、このタイプの源郷とされるモンゴルから人々が日本へとやって来た痕跡がないからです。

四、〔M１７５〕は約3・5万年前にバングラデシュ北部で誕生し、多くのサブグループに分岐して行きました。その一つがシナとベトナムの国境辺りで約1万年前に誕生した〔M１２２〕のＯ２です。

この系統はその後、東アジアから東南アジアまで広く分布し、漢族（北）（南）平均で約50％を占め、タイで約30％、ベトナムで40％、チベットで約35％、モンゴルで23％、そして本土日本で約20％を占めています。

★日本人のＯ２はどこから来たのか。

この系統は東南アジアでも高い頻度で検出されており、一定割合は南からやってきたと推定できます。また縄文時代の日本からはシナの土器はまず出土しないことから、この時代に「多くの人がシナからやって来た」とは考えられません。

では何時やって来たか。それは縄文時代以前であるかも知れないし、弥生時代以降、大和朝廷に帰化したシナ人もいたので特定はかなり困難です。

ここに縄文時代にやって来たヒトは〝縄文人〟、弥生時代以降にやって来たヒトは〝弥生人〟と規定すると、両者の割合は「0対１００」のどこかになります。

これら全ての可能性が正規分布すると仮定すると、１σの範囲は、20×0.68＝13.6％≒14％となります。すると、縄文時代（縄文人）の子孫の割合＝6～14％の範囲にあり、弥生時代以降（弥生人）の子孫の割合＝14～6％の範囲のどこかにある可能性が高い、と考えることができます。
★〔M175〕から分岐したもう一つの系統が、日本人の約34％を占めるO1です。この系統はタイが約48％、ベトナムが36％、漢族（南）が45％、台湾先住民は90％以上の割合なのに、漢族（北）は約7％に過ぎません。この系統はオーストロネシア語族と関連しており、縄文時代以前にこの言語を持つ民族が、南から日本へとやってきたと考えられます。
日本語が北方のツングース系とオーストロネシア語族との混合語であることも傍証となります。（『日本人ルーツの謎を解く』278参照）
★〔NO、N〕系統は4万年前前後にバイカル湖周辺で誕生したと考えられ、今のブリアート人が住んでいる辺りがそれにあたります。日本人に1・3％程存在しますが、彼らは旧石器時代のある時期、北からやって来た人々の子孫と考えると説明ができます。

上記の結果、縄文時代以前に日本にやってきた日本人男性の祖先は、「その他」を除外して加算しても以下の通りとなります。（図1‐11参照）
C（10.8）＋D（32.1）＋NO・N（1.3）＋O1（34.4）＋O2（6〜14）
＝合計（84.6〜92.6％）
この値は、『日本人ルーツの謎を解く』（257）で算出した数値（約八八％）とほぼ同じ結果となりました。日本人女性に関しては前著で「約85％が縄文人の子孫（同232）」と推定したのですが、この数値を変える理由は見当たらず、本書では割愛します。

処で、『化石とゲノムで探る人類の起源と拡散』（二〇一三年）の編者であった篠田謙一氏は遺伝子マーカーを使ったヒトの拡散図を知っていたはずです（図1‐10参考）。

そして二〇一九年の自著、新版『日本人になった祖先たち』に「最新の研究成果もできるだけ盛り込む」(3)と書きながら、なぜ二〇一三年の図を載せず、17年も前の二〇〇二年の〈図1‐6〉を載せたのでしょう？

著名な分子人類学者である斎藤、篠田両氏は、なぜジェノグラフィック・プロジェクトの成果を知っていながら「ヒトの拡散図」を引用しなかったのか、人々が日本から朝鮮半島やシナ大陸へと移り住んでいったという研究結果を載せたら何か不都合な点でもあったのか、まことに不思議な話でありました。

次に、ここで確認したY染色体からみた日本へのヒトの流れに考古学との整合性はあるのか、この角度から追っていきたいと思います。

第二章　考古学からみた「新人」日本への旅

ヒトのルーツはアフリカに行き着く

人類の最も古い化石はアフリカ中央部、チャドで発掘された約七〇〇万年前の猿人のものです。この化石は〝チャド猿人〟と云われ、人類がチンパンジーとの共通祖先から分岐して間もないころの化石と考えられています。

その後、人類は、原人、旧人、新人と進化し、その間、実に多くの〝種〟が誕生したことが発掘された化石から推定されています。しかしほとんどが絶滅し、現在まで地上に生き残った種は新人＝ホモ・サピエンスのみです。

特に一九七四年にエチオピアで発見された約三二〇万年前の猿人の全身骨格は有名であり、〝ルーシー〟というニックネームがつけられました。彼女はチンパンジーに見えますが、大腿骨と骨盤の関係から直立二足歩行をしていたことが分かっています。（写真２‐１）

猿人に続いて現れた原人はホモ属に区分されており、約二三〇万年前にアフリカで誕生した最古の原人＝ハビリス原人は簡単な石器を作り、使っていました。

猿人はアフリカを旅立つことなく絶滅したのですが、原人は約一八〇万年前にアフリカを旅立ち、ヨーロッパやユーラシア大陸各地に移動していきました。北京原人やジャワ原人などの化石がその証《あかし》となっています。

これら原人から、より進化した旧人、ネアンデルタール人（主に欧州）やフローレス人（主にアジア）などの旧人が誕生し、各地で生活していたことも化石によって明らかにされています。しかし彼らは五～一万年前に絶滅したのです。

旧石器時代以降・日本での主な出来事

本章で述べる全体像を俯瞰《ふかん》するため、日本列島におきた主な出来事を列挙しておきます。尚、年代は概数であり、基準年は概略一九五〇年としています。

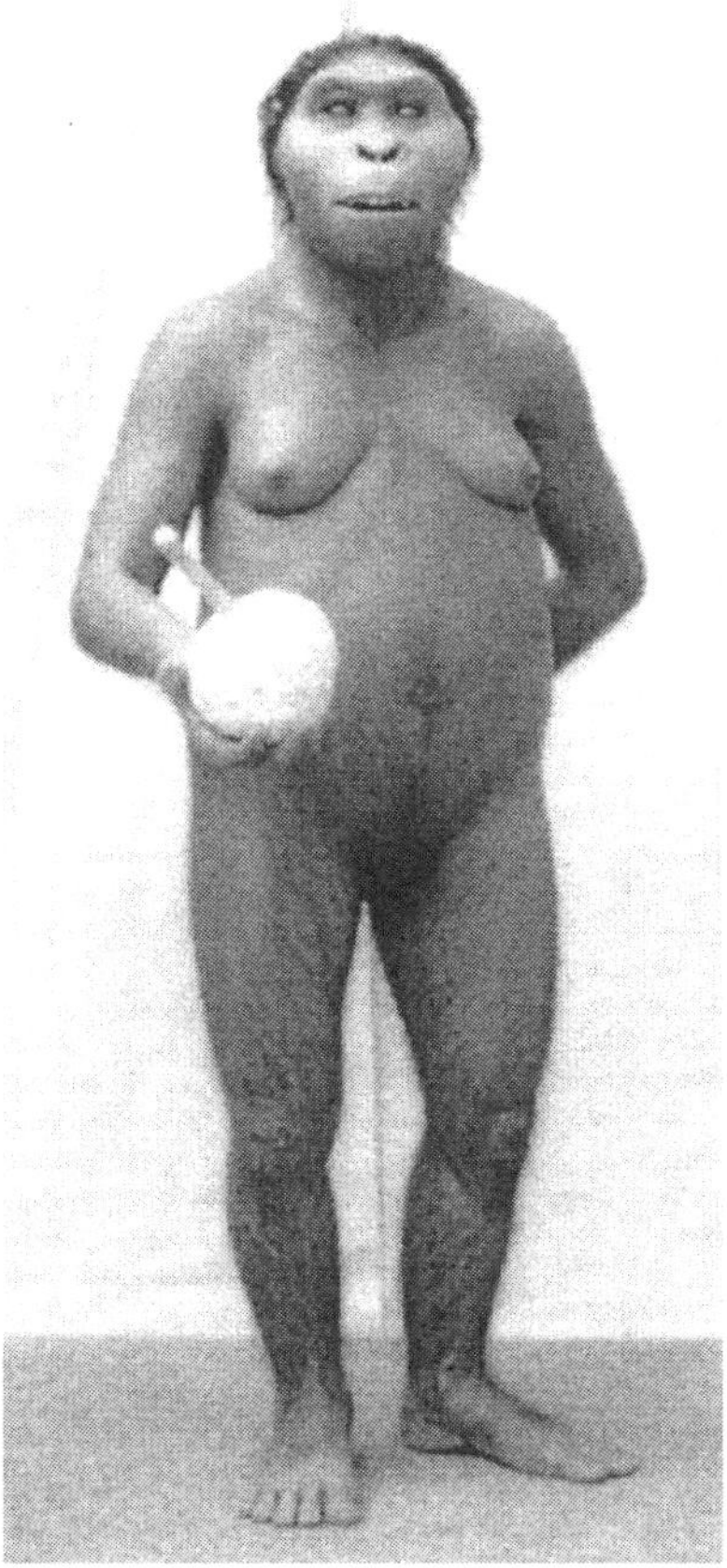

写真 2-1 「ルーシー」の復元模型写真
（沖縄県立博物館・美術館
「サキタリ洞遺跡の発掘」より）

十二万年以前	大陸と陸続きだった日本列島に旧人がやってくる
四万年前	南から日本に新人がやってくる
三万六千年前	沖縄でこの時代の人骨が発見される
	府中市・武蔵台遺跡、約三・五万年前の大規模旧石器遺跡が発見される
三万年前	種子島の立切遺跡などで人々の定住生活が営《いとな》まれる
	始良《あいら》カルデラの大爆発起きる
二万九千年前	南からきた新人が北海道に到達し更に北上する
二万四千年前	鹿児島県・耳取遺跡、南からやって来た人々の定住生活が始まる
	今度は北から人々がやってきて北海道に達し更に南下する
二万二千年前	南方スンダランドから新人が日本列島へ向かう
	沖縄で港川人が生活
一万六千年前	青森で世界最古級の土器が作られる
一万三千年前	南九州に集落が現れる
	桜島の大爆発が起きる
一万二千年前	南九州で南方起源を思わせる独自の縄文文化が展開する
	鹿児島県の遺跡からイネとキビのプラントオパールを検出
	島根県・板屋Ⅲ遺跡からイネやキビのプラントオパールを検出

朝鮮半島のヒトは絶滅・無人地帯となる
九五〇〇年前　南九州で定住集落（上野原遺跡）が成立
七三〇〇年前　鬼界カルデラの大爆発が起きる
七〇〇〇年前　長江下流域で原初的天水田稲作が始まる
この頃、日本から無人の朝鮮半島への移住が始まる
九州から沖縄へと人々が移住していく
六〇〇〇年前　朝寝鼻貝塚からイネのプラントオパールが検出される
各地で縄文土器胎土からイネのプラントオパールが検出される
三二〇〇年前　北部九州で縄文人による灌漑施設を伴う水田稲作が定着（菜畑遺跡）

日本に旧人が住んでいた！

現在分かっている限り、日本には旧人が住んでいたと考えられています。人骨は発見されていないのですが、その時代の地層から打製石器が発見されたからです。

例えば、長崎県平戸市の入口遺跡（平戸島北部所在）は、河岸段丘《かがんだんきゅう》上に位置する古くから知られた旧石器遺跡でした。ここの開発に伴い、一九九九年から二〇〇三年にかけて平戸市により調査が行われ、九から一〇・三万年前の地層から多くのメノウ製石器などが出土したのです。

また二〇〇三年七月、金取遺跡《かなどり》（岩手県遠野市）の九～八万年前の地層から、多くの石器が発見されました。

二〇〇九年八月、出雲市多伎《たき》町砂原《すなばら》で、新たな露頭の古い地層の中から一点の小石片が発見され、これを契機に発掘を進めると何と数十個の石器が出土しました。その後の調査により、これは約一二万年前の地層であることが明らかにされました。

佐藤宏之氏は『旧石器時代』（啓文社、二〇一九年）に於いて、次のように記していました。

「日本列島には、中期旧石器時代に岩手県金取遺跡・群馬県権現山遺跡・島根県砂原遺跡・熊本県大野遺跡など、六〇遺跡程度の遺跡の存在が確認・報告されているが、一万ヶ所以上の遺跡が確認されている後期旧石器時代にくらべて、その数はいちじるしく少ない」(11)

では彼らは何時、何処からやってきたのか。

今から約八〇～一五万年前ころは、北部九州と半島やシナ大陸は陸続きであり、彼らはナウマンゾウや大角鹿などを追って日本にやってきたと考えられています。（図２‐１）

後期旧石器時代になると日本は大陸から切り離され、寒冷化による海水面の低下（約二万年前は約一四〇メートル低下）により、北海道は樺太と繋がる半島を形成するに至ります。（図２‐２）

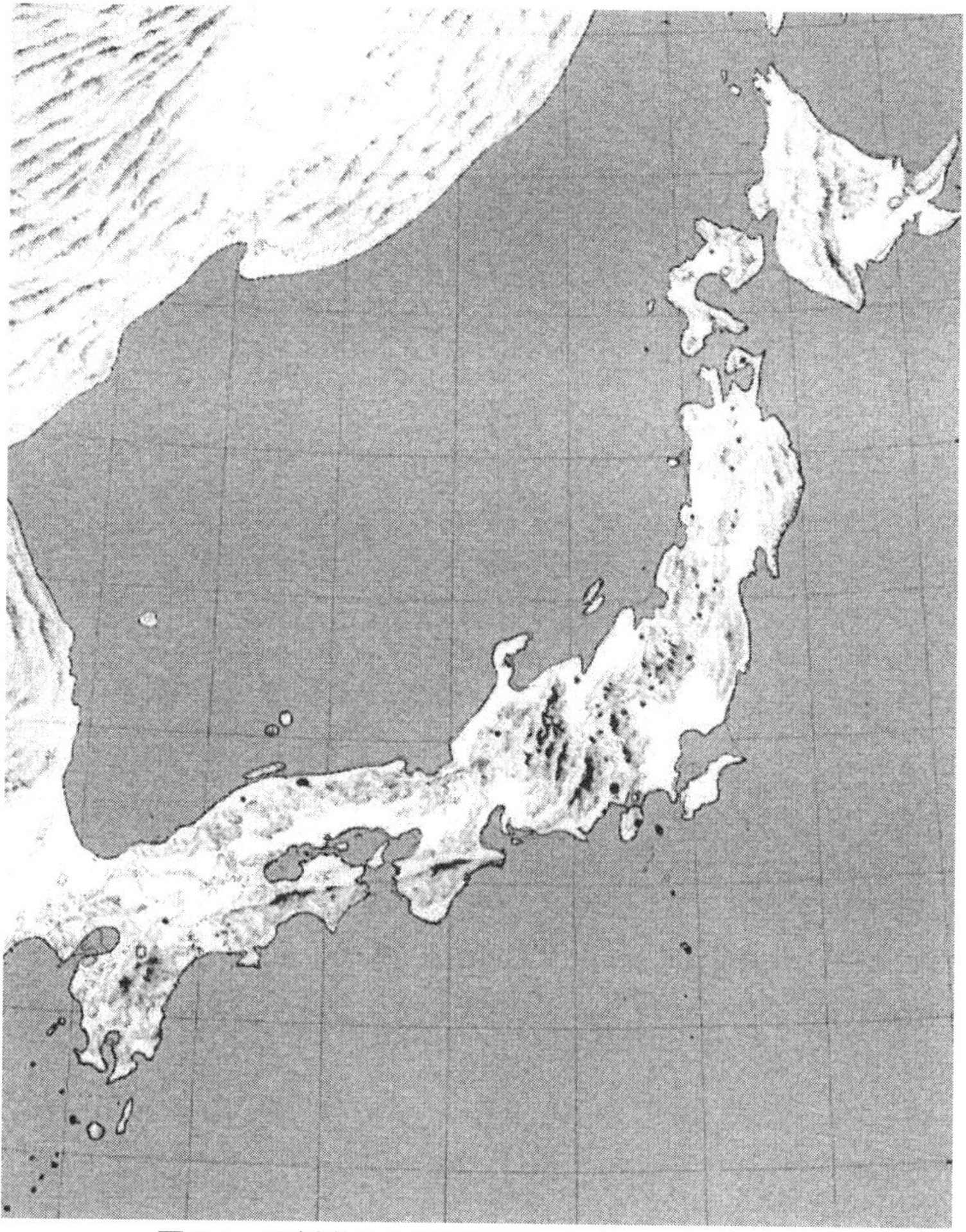

図 2-1　更新世の古地理図〈80 万年〜 15 万年前〉
（湊正雄『目でみる日本列島のおいたち』築地書館より）

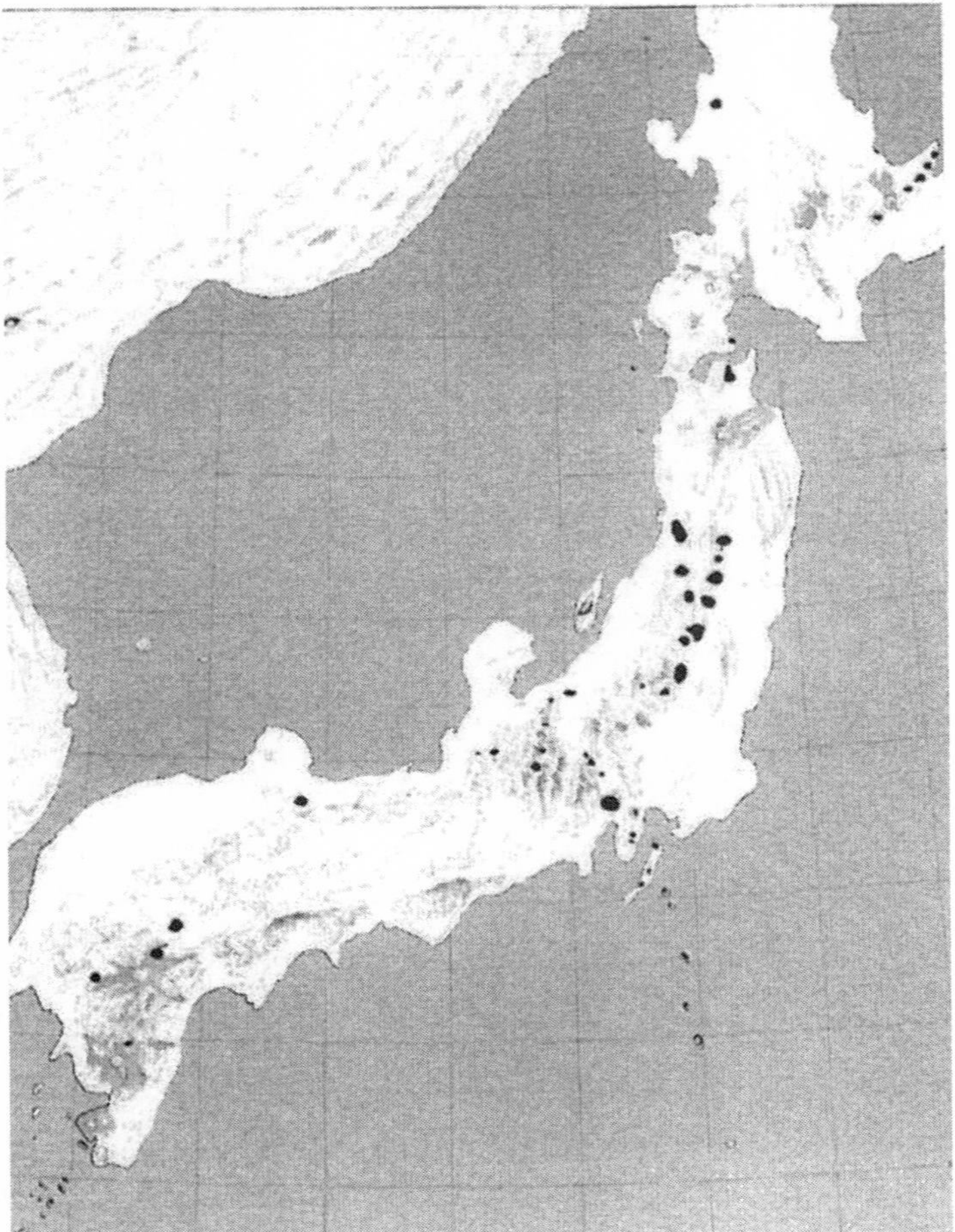

図 2-2　更新世後期の古地理図〈15 万年～ 1 万年前〉
（湊正雄『目でみる日本列島のおいたち』築地書館より）

新人が日本にやって来た時、そこには旧人が住んでおり、一時期、旧人と新人は共存していたことになります。やがて旧人は絶滅するのですが、ゲノム解析によると、日本人には、わずかながら旧人のＤＮＡが混入していることが明らかになっています。

考古学界の常識を覆した相澤忠洋氏

次に後期旧石器時代（約四～一・六万年前）に入るのですが、明治以来、考古学界では「日本最古の時代は縄文時代」が常識となっていました。

従って、関東では黒土層を掘り進め、関東ローム層が出てくれば発掘は終了、「この中や下にはヒトの足跡はない」と信じられていました。考古学者は、一万数千年以前の日本は、火山活動による噴出物でヒトの住める環境にないと信じ切っていたのです。

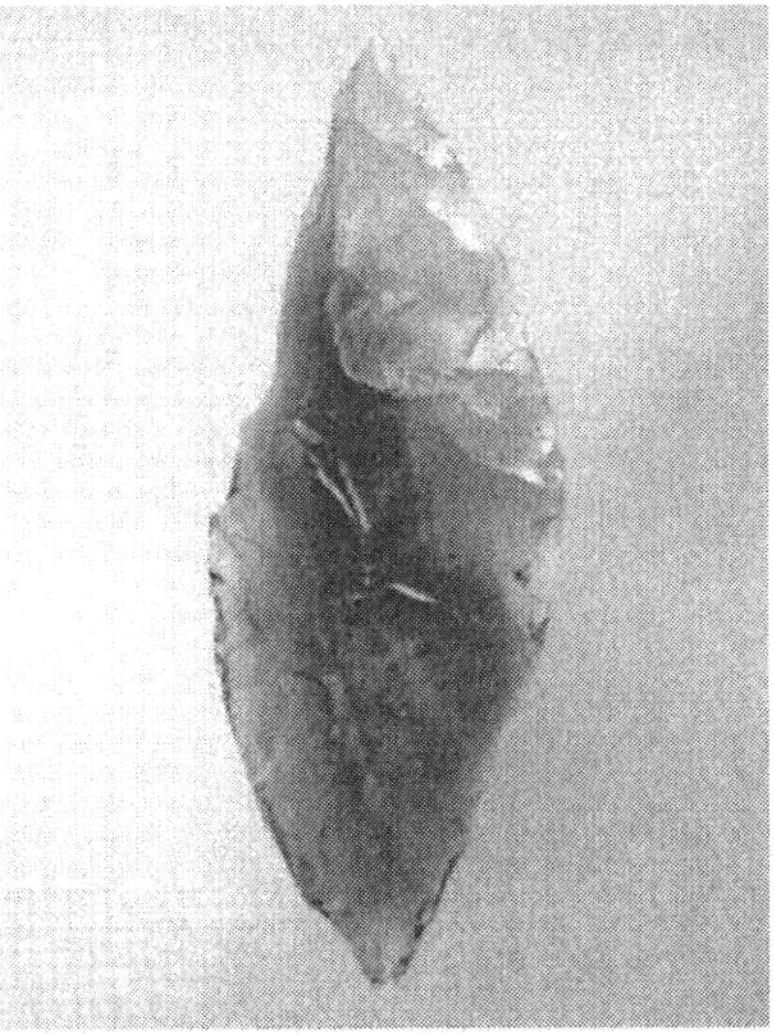

写真 2-2　昭和 24 年に発見された槍先形尖頭器〈長さ約 7cm 幅約 3cm〉
（相澤忠洋記念館ホームページより）

この常識を覆したのが在野の考古学者・相澤忠洋氏でした。

氏は一九四九年、群馬県笠懸《かさがけ》村の切通し斜面に露出した関東ローム層の中から、完全な形の黒曜石《こくようせき》で作った石器（槍先尖頭器《せんとうき》）を発見したのです。これは「相澤忠洋記念館」に展示してあり、訪れてみると、考古学の常識を覆したこの石器は思いのほか小さく、長さ約7センチほどのものでした。（写真2－2）

その後考古学界は一変し、日本各地から次々に旧石器時代の遺跡が発見され始めたのです。

「日本の歴史は旧石器時代に始まる。日本旧石器学会が二〇一〇年に集計したデータによれば、日本列島の旧石器時代の遺跡数は一万四五〇〇（ただし文化層ごとの合計）にのぼる。更新世（氷河時代または氷期）に属する縄文時代草創期の遺跡数が二五〇〇なので、合計すると、日本列島の更新世の遺跡は一万七〇〇〇に及ぶ」（『旧石器時代』6）

（注）文化層：一時期の生活の痕跡が残されたと考えられる、まとまって出土する垂直方向の範囲の呼称。

「更新世」とは地質時代の区分で、二八五万年から一万一七〇〇年前までを指します。その間の遺跡の大多数は約四万年前以後のものなのですが、圧倒的な遺跡の多さは、日本にやって来た新人がこの地で生活し、人口を増やし、多くの人々が生活を営んでいたことを裏付けています。そして日本から各地へと移り住んで行ったことが、先に述べたY染色体による拡散図から想像されます。

旧石器時代の推定人口と縄文推定人口の問題点

では旧石器時代の日本にどのくらいの人々が暮らしていたのか。

「この数は、世界的にみても突出した数値であり、密度となる。日本で行われている考古学的調査（埋蔵文化財の行政調査が主体）の量と質がきわめて高い水準にあることを割り引いても、日本列島の氷期は、周辺大陸などにくらべて生活しやすかったことを示唆していよう。旧石器時代の人びとは移動（遊動）生活をしていたため、遺跡の数から単純に当時の人口を算出することは非常にむずかしいが、旧石器時代をとおして数万人程度の人びとが暮らしていたと推定されている」（6）

処で、小山修三氏は北海道と沖縄・奄美を除く縄文時代早期（八一三〇年前）の全国の人口推計を二万一〇〇人としていました。（『縄文時代』中公新書、一九八四年　31）

現在の考古学論文にまで影響を及ぼしている氏の「縄文人口推計」とは、当時から信用出来ない代物であり、氏も次のように記していました。

「この推計は、基本的には一遺跡付き何人かの人数をわりあてて算出したものである」（36）

「最近の考古学の発達はめざましく、その発掘件数は年間一万をこえ、新発見の遺跡の数も

増えている。わたしの算出した縄文人口は一九七四年までの遺跡調査にもとづいたものであった」(38)

「ここに算出した縄文人口は、既存資料のもつ時間的、地域的な粗さに対応した構成をもったもので、実数ではなく、縄文時代の文化や社会を復元し、説明するための仮説に過ぎない。したがって将来の調査の結果によっては修正があり、まったく別の数値にかわる可能性をも持っていることは理解していただきたいとおもう」(39)

何しろ、その後半世紀近い間に発掘された数十万件の遺跡データが反映されていないばかりか、氏の〈推計人口基数〉をその後発見された遺跡に適用すると次のようになり、実情に合わないのです。

上野原遺跡の人口=八・五人　　三内丸山遺跡の人口=八・五人

菜畑遺跡の人口=二四人　　吉野ケ里遺跡の人口=五七人

従って、氏の人口推計はもとより、これに依拠した論文は問題外と云うべきでしょう。この杜撰な人口推計が「誤《あやまり》」や「偽《いつわり》」の連鎖反応を起こしたことを『日本人ルーツの謎を解く』で明らかにしたのですが、その後、私の知る限り、桁違いに増えた遺跡をベースに人口推計を行った学者はいませんでした。

今日(二〇二一年)まで、半世紀前の人口推計を放置している考古学界の怠慢に呆れているのは私一人ではないでしょう。これでは先史時代の実像など描けるはずがないからです。

沖縄の旧石器人骨が物語るもの

一九六一年、静岡県の岩水寺採石場から人骨が発見されました。後に炭素14年代法により一万四〇〇〇年～一万八〇〇〇〇年前のものであることが確認され、その骨格から「縄文人の祖先ではないか」と鈴木尚氏など、人骨の専門家は判断していました。

（注）炭素14年代法：自然界に存在する炭素原子のうち、炭素14は五七三〇年の半減期を持つ放射性同位体で、大気や現在生育している生物には炭素12の約1兆個あたり1個ほど含まれています。木などに取り込まれた放射性炭素14は崩壊を続け、その濃度は五七三〇年後には半分、即ち2兆個に1個の割合になります。すると遺跡から出土する物質の炭素14の濃度を知ることで、年代測定ができることになります。この原理を使って年代を確定するので「炭素14年代法」と呼ばれています。基準年は一九五〇年であり「BP」で表します。詳細は『日本人ルーツの謎を解く』(63)等を参照願います。

本州ではこの一例ですが、沖縄の島々には海生石灰岩層が広がっており、旧石器時代の人骨が各地から発見されてきました。この時代、インドネシアや南シナ海の南西部はインドシナ半島とつながるスンダ大陸を形成しており、新人は南から海を渡り、フィリピン、台湾、沖縄を通って九州へと繰り返しやってきたのです。

一九六八年、沖縄県山下町の第一洞穴遺跡から子供の骨の一部が発見され、これは較正年代で今から約三万六〇〇〇年前のものと推定されています。

（注）較正年代：ＡＭＳ（Accelerator Mass Spectrometry 加速器質量分析）法で得られた試料の〈炭素14年代〉に年輪年代やサンゴ年代を加味して較正された年代。較正済み（calibrated）を意味し〈calBP〉とあらわす。実年代とも云う。

同年、沖縄本島南部の港川採石場から約二万二〇〇〇年前の人骨が九体発見され、その内、一体はほぼ完全な全身骨格でした。これが有名な港川人です。
その後、二〇〇七年から二〇一六年にかけ、石垣島の空港拡張工事に伴い、白保竿根田原《しらほさおねたばる》洞窟から二万七〇〇〇から一万五〇〇〇年前と推定される全身骨格一体を含む一九体の人骨が発見されました。（写真２‐３）
二〇〇九年からは沖縄南城市の「サキタリ洞遺跡」の発掘が行われ、約二万三〇〇〇～一万四〇〇〇年前の旧石器時代の出土物が発見されました。
沖縄では、他にも多くの旧石器時代の出土物や人骨が発掘されており、連続ではない、万年から数千年単位で断続する人骨が、何波にも亘って人々が本土日本へと移動して行ったことを裏付けています。（表２‐１）

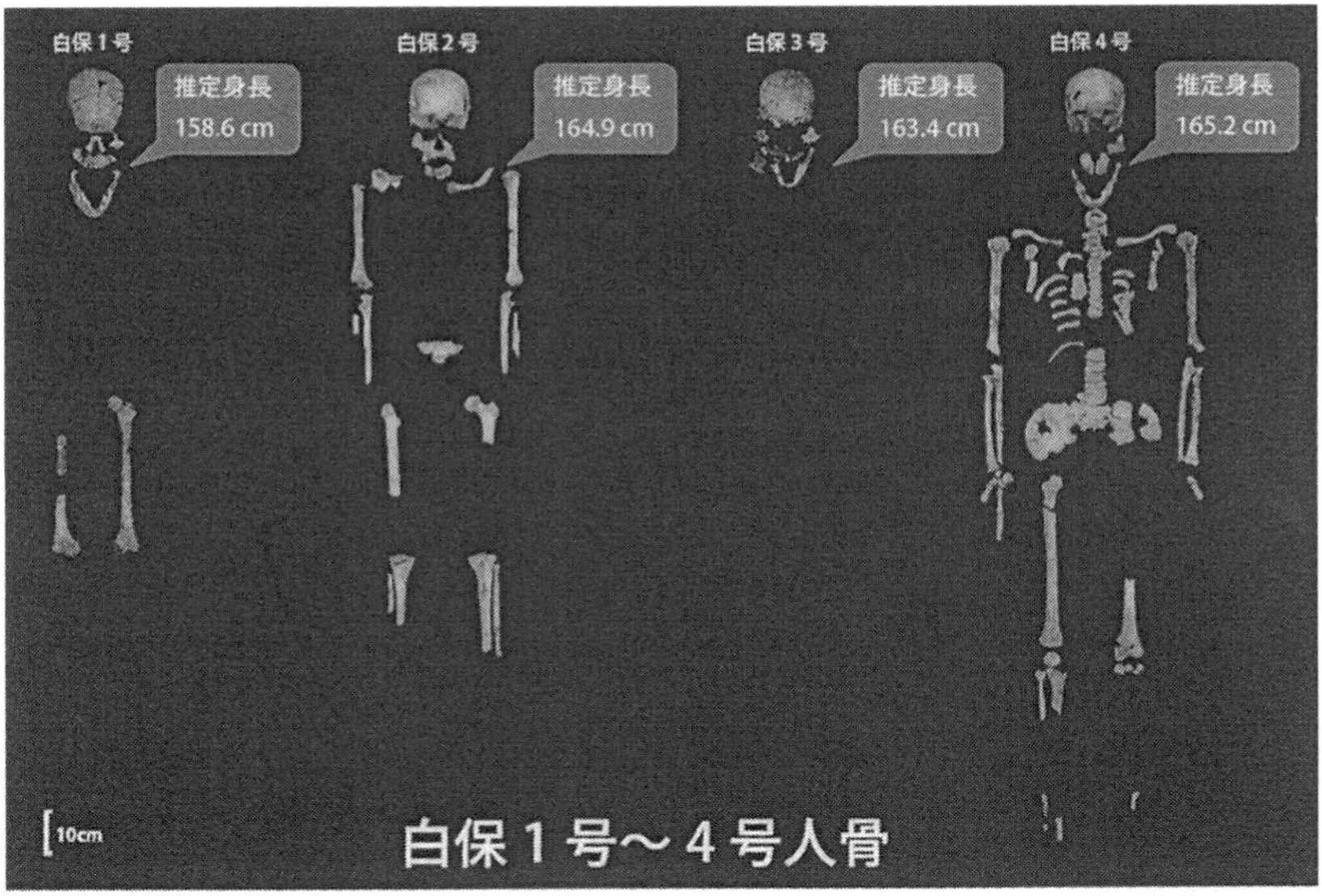

写真 2-3 「白保竿根田原洞穴遺跡」の出土人骨
（令和2年第1回教育委員会会議　報告事項（3）　沖縄県文化座課より）

所在地	遺跡名	遺跡の年代	人骨
八重瀬町	港川フィッシャー遺跡	2万2千年前	4体分の全身骨格
那覇市	山下町第1洞穴遺跡	3万6千年前	大腿骨・脛骨
南城市	サキタリ洞遺跡	3万～1万4千年前	歯・手足骨
伊江村	カダ原洞穴遺跡	後期更新世	頭骨
伊江村	ゴヘズ洞穴遺跡	後期更新世	下顎骨
久米島町	下地原洞穴遺跡	1万8千年前	乳児の部分骨格
宮古市	ピンザアブ遺跡	3万年前	頭骨・歯・椎骨・手掌骨
石垣市	白保竿根田原洞穴遺跡	2万7千～1万年前	19個体分以上の部分骨・骨格

表 2-1　沖縄の旧石器人骨出土遺跡一覧
（沖縄県立博物館・美術館「サキタリ遺跡の発掘」より）

ご先祖様は九州から沖縄へ戻ってきた

沖縄にやってきた人々は九州方面に移動し、残った人々は極めてわずかか、或いはほぼ消滅したと判断されます。この地に住み続けたのなら、人骨と共に発見されるであろう遺跡が連続していないからであり、それには理由があったのです。

「一般論として、島という空間は、陸地の面積に限りがある。そのため大陸と比較して食料となる動植物の種類が少ない。本土では一〇〇種類以上の哺乳類が生息するが、沖縄ではわずか七種類しかいない。そのなかでも最大の哺乳類はリュウキュウイノシシであるが、そのサイズは本土のイノシシよりもかなり小型である。

大陸と比較して島では食料となる動植物が少ないという事実は、島という環境では多くのヒトを支えることができないことを意味している」（『日本人はるかな旅②』80）

例えば、サキタリ遺跡からは一万四〇〇〇年前の石器と人骨が発掘された後、約四～五〇〇〇年間、ヒトの痕跡は消えます。その後、九〇〇〇年前の押引文土器が出土し、再び人が住み始め、約四〇〇〇年の空白期を経て、縄文早期の土器が出土するようになります。そして土器から判断すると、九州からこの地に人々がやって来たことが分かります。

一九九六年、北谷町《ちゃたん》から約六八〇〇年前の伊礼原《いれいばる》遺跡が発見されました。これには、南九

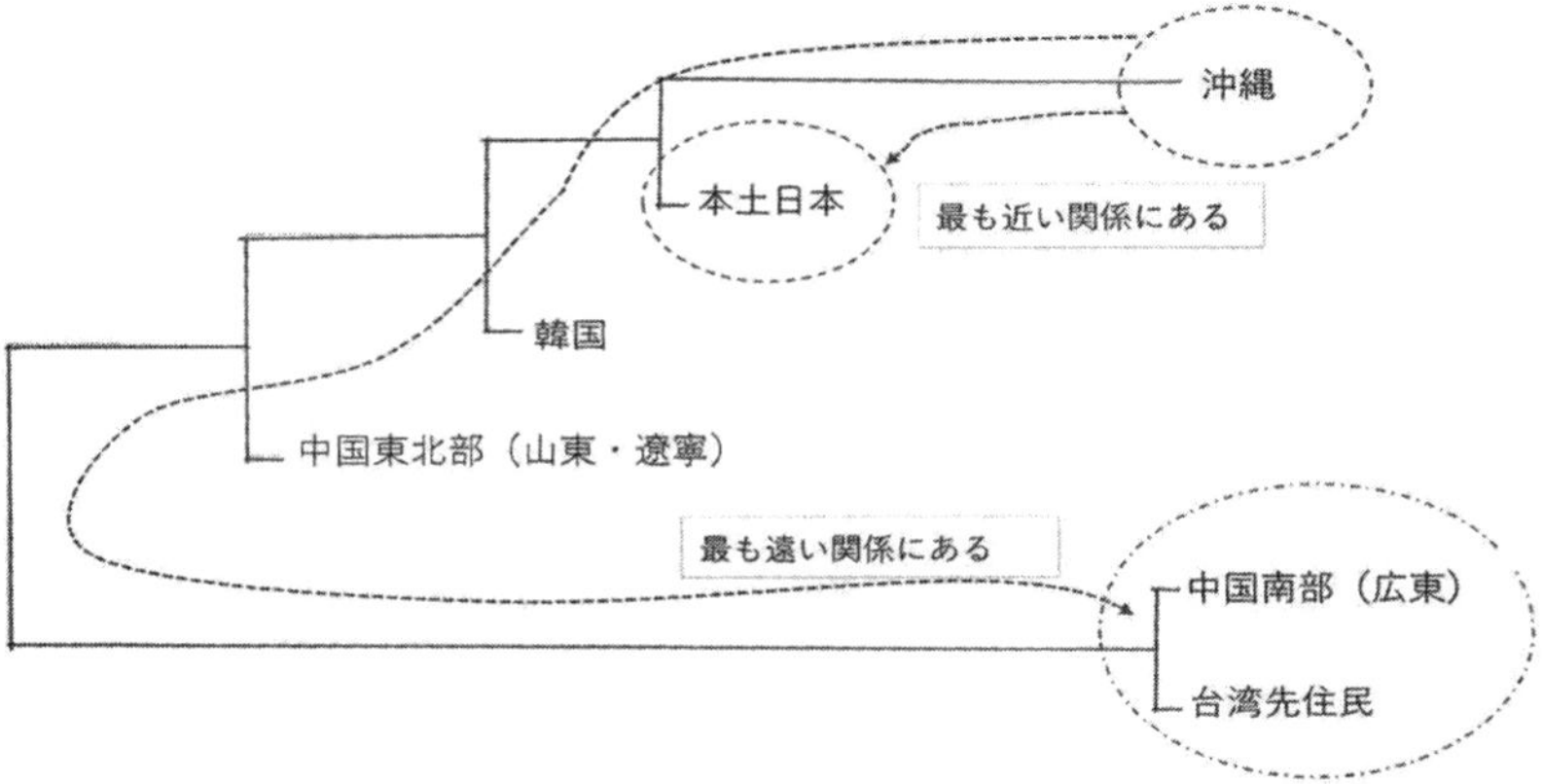

図 2-3　mtDNA のハプログループ頻度から計算された
沖縄女性と周辺地域女性との近縁関係
（「日本人になった祖先たち」P133 図 6-2 に加筆）

州で起きた火山の大爆発が関係していると推測されます。

ここからは縄文前期の南島爪型文《つめがたもん》土器や九州産の黒曜石や土器、新潟のヒスイなどが出土しました。そればかりか二五〇〇年ほど前に東北中心に使われていた亀ヶ岡系土器も発掘され、彼らは東北地方とも交流していたことが分かります。

沖縄の特産物を使って本土と交易し、以後、城《グスク》時代から現在まで途切れることなく人は住み続け、コメの栽培が出来るようになってから人口は大きく増加していきます。

沖縄の旧石器時代人骨は、アフリカから旅立った人々が沖縄を通って日本列島へと移動した根拠となり、沖縄各地の縄文遺跡は、沖縄のご先祖様は台湾やシナではなく、九州からやってきたことを物語っています。

そして沖縄の女性は、台湾やシナの女性とは遺伝的繋がりがないことをｍｔＤＮＡ解析が明らかにしています（図２‐３）。また、沖縄の男性も中国人とは関係ないことがＹ染色体の解析から明らかになっています（図１‐11参照）。

沖縄のルーツは日本・核ゲノム解析の結論

最近、ゲノム解析によっても沖縄の人々のルーツが明らかにされました。

平成二十六年九月一日、英国に拠点のある分子人類学の国際専門誌「モレキュラーバイオロジーアンドエボリューション」の電子版に、琉球大学大学院医学研究科の佐藤丈寛博士と木村亮介准教授を中心に、北里大学などの共同研究チームが行った「沖縄の人々のルーツ」に関する研究結果が載りました。

同月一六日にプレスリリースされた概要によると、沖縄本島、八重山《やえやま》、宮古から三五〇人の核ＤＮＡを採取し、一人当たり六〇万個の一塩基多型（ＳＮＰ）を分析した、とあります。

その結果、沖縄の人々は、台湾や大陸の集団とは直接の遺伝的繋がりはなく、日本本土に由来することが明らかにされました。また沖縄・宮古・八重山諸島の人々は互いに祖先を共有する近縁なグループであることが分かりました。加えて、宮古・八重山諸島の人々は数千年前から沖縄本島から移住したとの結果が出たとのことです。

かつて、沖縄の人々は東南アジアや台湾などに由来するという説もありましたが、津田左右吉の判断は正しく、八重山・宮古を含め、沖縄の人々は台湾先住民や広東などの南方中国人とも遺伝的な繋がりがないことが明らかにされました。

この研究結果は、考古学、言語学、Ｙ染色体やｍｔＤＮＡの分析結果と齟齬がなく、沖縄のルーツは日本にあることが確定したのです。

九州・旧石器時代から縄文時代へ

新人が沖縄から北上していった証拠が約三万五〇〇〇年以前の立切《たちきり》遺跡です。種子島にあるこの遺跡からは日本独特の発明が発見されました。

第一は狩猟用の「落とし穴」です。

ここからは12基発見されたのですが、この技術は新人の北上により各地に伝えられ、約二万七〇〇〇年前の箱根山西麓遺跡群などからも同様の落とし穴が多数発見されました。この狩猟法は縄文時代以降は益々盛んになり、その後も連綿と使い続けられ、富士山麓などでは戦後まで使われていたといいます。

第二は「局部磨製石斧」です。

立切遺跡などから出土した約三万年前の刃の部分だけを研磨した局部磨製石斧（図2‐4）が、考古学者を困惑させたと云います。磨製石器が登場するのは約一万年前の新石器時代から、というのが定説だったからです。その後、日本各地から局部磨製石斧が九〇〇点以上発見され、これも日本人による世界最古の発明といえます。

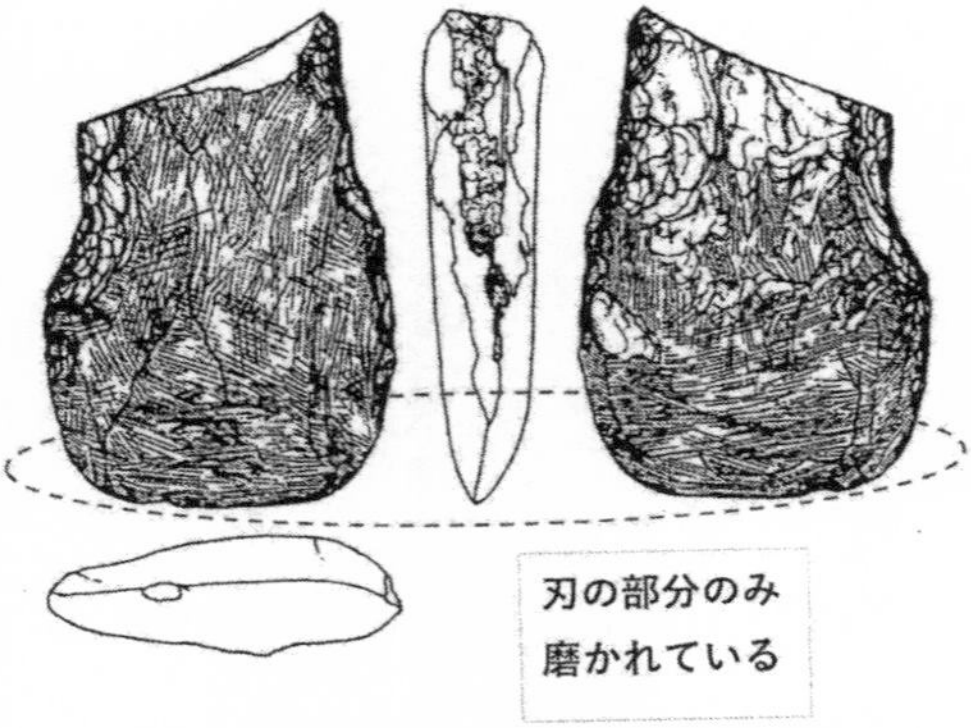

図2-4　立切遺跡出土の局部磨製石斧

第三は「定住の開始」です。

立切遺跡や同じ種子島の横峯遺跡からは、調理施設と考えられる礫群（約三万一〇〇〇年前）や集石（約六五〇〇年前）が断続的に構築されていました。出土した調理道具や火を使った跡などから、「旧石器時代は狩猟中心の社会」なる定説を覆し、植物食中心の生業形態であることも推測されています。

これら旧石器時代の遺跡の上部や直近に、多くの縄文時代の遺跡が発見され、「旧石器時代人は獲物を求めて移動していた」なる定説を覆し、彼らはこの地で生き続けてきたのです。

約三万年前・姶良カルデラの大噴火

鹿児島県の鹿児島湾とは、それ自体が直径約20㎞の噴火口であり、約三万年前、この姶良《あいら》カルデラの大噴火により大量の火山灰が降り積もり、現在のシラス台地が形成されたのです。これにより南九州の旧石器時代人は壊滅し、生態系が回復し、再び人が住めるようになるまで約一〇〇〇年かかったと云われています。（図２－５）

しかし影響は中部九州にまでは及ばなかったと思われます。

その証拠が鹿児島県出水市の上場遺跡です。ここからは姶良カルデラ火山灰層の下から遺跡が発見され、その上部からも約三万年前から一万年前の文化層が発掘されました。特筆すべきは、姶良カルデラ大噴火により形成されたシラス台地の上部から、日本最古の旧石器時代の竪穴式住居が二棟発見されたことです。

同県曽於市の耳取遺跡の第一文化層（約二万四〇〇〇年前）から、多くの石器と共に日本最古の女性像が発見されました。女性を象徴的に表したビーナス像は旧石器時代のイメージを変える発見として注目されています。

桜島の大噴火

約一万三〇〇〇年前、桜島が大噴火を起こし、その噴出物により、約一〇〇キロ四方が厚い火山灰と火山礫（テフラ）に覆われたのです。

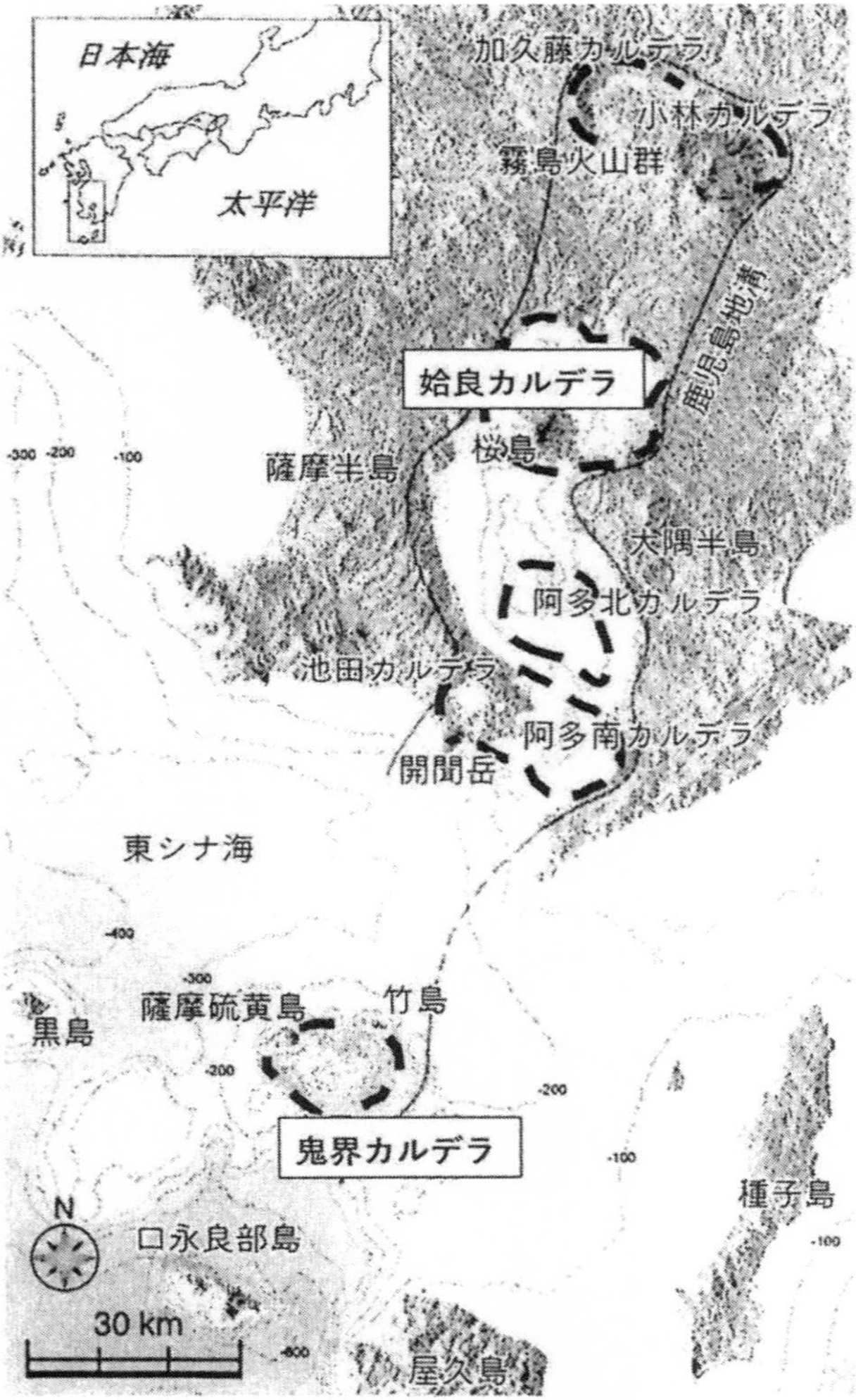

図 2-5　南九州における巨大カルデラ分布
（『科学』Vol.84 前野深「カルデラとは何か　鬼界噴火を例に」より）

その結果、南九州は壊滅したと思いきや、その直上、縄文草創期から早期にかけての遺跡が発見され、南九州で貝模様の土器など独特の縄文文化（貝文文化）が展開されました。

この時代の鹿児島県加世市の栫《かこい》ノ原遺跡からは世界最古の丸ノミ形石斧（写真2‐4）が出土しました。この石斧は丸木舟を作る道具と考えられており、東南アジア、沖縄、西日本、太平洋諸島の各地からも同様の石器が出土しています。（図2‐6）

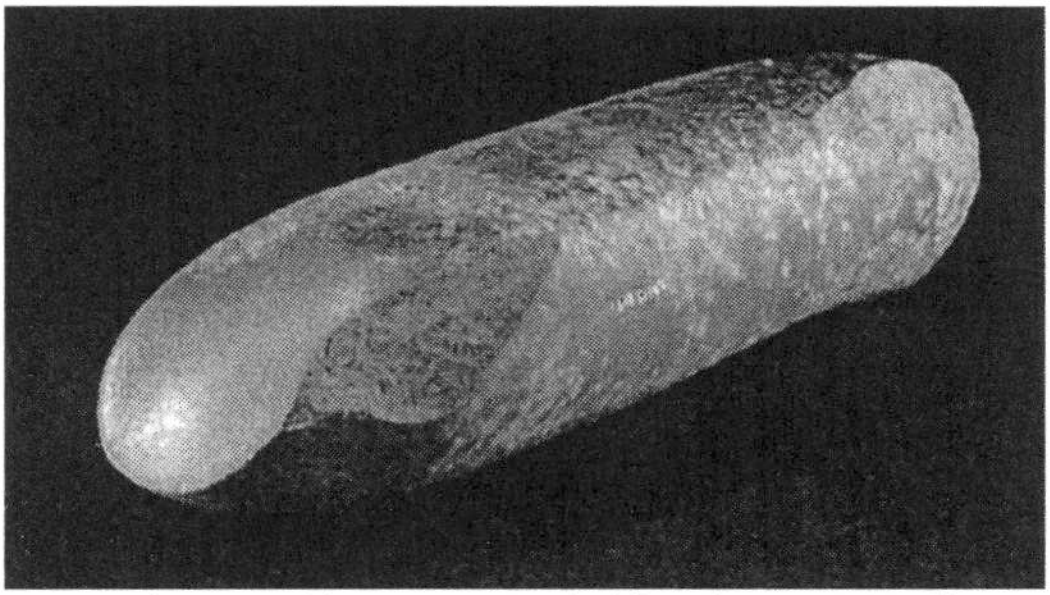
写真 2-4　約 1 万 2000 年前の丸ノミ形石斧
（栫ノ原遺跡出土　加世田市教育委員会）

縄文早期の遺跡として特に有名なのは、一九九六年に発見された霧島市の上野原遺跡です。

年代は九五〇〇年前、海を渡ってやってきた人々が遺した、時代の常識を覆した遺跡であり、五二棟の竪穴式住居が発見され、人々はこの地に定住していたことが確認されました。

ここからは七五〇〇年前に造られた弥生土器と見紛う〝つぼ形土器〟が、ほぼ完全な姿で出土しています。（写真2‐5）

この種の土器は、イネや穀物貯蔵用として弥生時代から造られた、というのが定説だったのですが、そうではなかったのです。この時代、人々は狩猟採集だけではなく、キビ

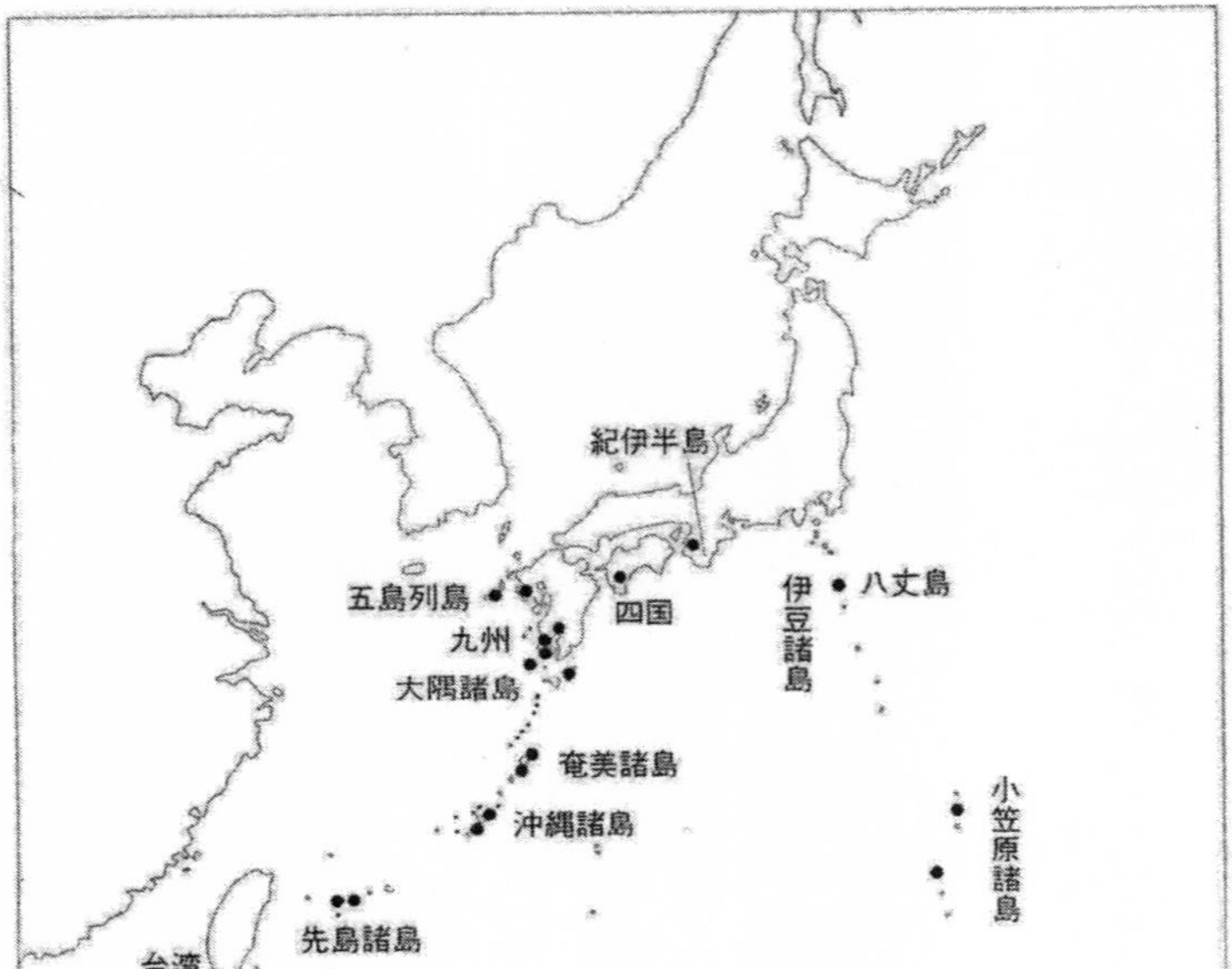

円筒石斧の分布

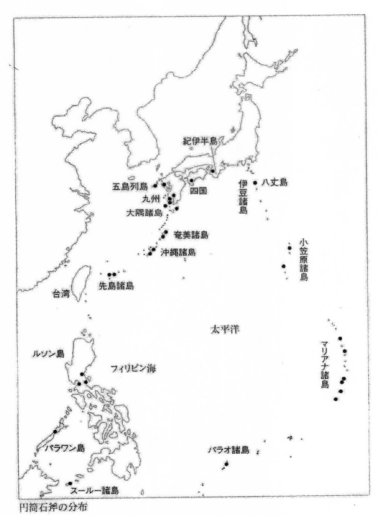

図 2-6　円筒（丸ノミ形）石斧の分布
（『日本人はるかな旅②』P129 より）

や熱帯ジャポニカを作っていた痕跡もあり、このような土器が必要だったのでしょう。
上野原遺跡から13個、城ヶ尾遺跡から4個、熊本県の灰塚遺跡から1個が発見されていることから、何らかの穀物を栽培していたと考えられます。
南九州では、青森県三内丸山遺跡（約五五〇〇年前）より四〇〇〇年も早くから縄文文化が花開き、その拡散範囲は日本各地のみならず沖縄や朝鮮半島にまで及んでいたのです。

２個並んで埋められていた壺形土器（「双子壺」）

写真 2-5　上野原遺跡出土の約 7500 年前の壺形土器
（「鹿児島県上野原縄文の森」ネットより）

鬼界カルデラの大噴火

およそ七三〇〇年前、薩摩半島の南東約50㎞にある薩摩硫黄島が大噴火をおこしました。それは現在の薩摩硫黄島のあたりであり、径約20㎞の鬼界《きかい》カルデラが形成された程でした。（図２‐５参照）
軽石を中心とした火砕流は海を渡り、薩摩・大隅半島南部に達しています。厚さは1メートル以下であるものの、その地は数百年に亘り生活が困難になったと思われます。

火山灰も降り、宮崎県から鹿児島県にかけては30㎝以上堆積したことが地層から明らかになっています。この程度の火山灰では人は死ぬことはないのですが、その後、生態系に大きな影響を与えたことは容易に想像できます。

しかし彼らは火山灰の上に戻り、火山灰を除去し、例えば上野原遺跡は弥生時代に至るまで存続していました。

熊本、大分、四国は30㎝から10㎝程度の降灰であり人々の移動を強制するほどのものではなかったのですが、鹿児島や宮崎、熊本の南部に大被害を与え、この地の人々が半島や沖縄に進出した切っ掛けになったと考えられます。

本州の旧石器時代――繁栄を極めた

南から日本へやって来た人々は北へと移動して行きました。それは関東各地から発掘される多くの遺跡が明らかにしています。一例を挙げると、一九七九年に東京の府中市で発見された武蔵台遺跡がそれです。ここは旧石器時代から縄文時代にかけての遺跡なのですが、その概要は次の通りです。

旧石器時代の遺物は合計六万六〇〇〇点出土しました。このうち、石器は二万四〇〇〇点、礫は四万二〇〇〇点であり東京都内で最大規模のものです。

出土した遺物は概ね約三・五～三万年前、約二・五～二万年前、約二万～一・五万年前の三つの年代に分けることができます。

その中で、約三・五〜三万年前の地層からは最古級の石器が発見され、局部磨製石斧もその中に含まれていました。この遺跡の周辺からこの時代の遺跡がまとまって発見されたことから、ここが拠点的な遺跡だったことが分かります。

約二・五〜二万年前の地層からは約五万点の遺物が出土し、その多くは河原から拾ってきた礫です。礫は石蒸し料理に使われたものです。

約二万〜一・五万年前の地層からは、尖頭器やナイフ形石器という槍先や包丁に使った石器の製作された跡も発見されました。

材料は一般の石の他、箱根や八ヶ岳周辺で採掘された黒曜石も使われていました。つまりこの時代になると周辺地域との交流も広がっていったということです。

北海道の旧石器時代――人々は南からやって来た

この時代の北海道は、本州とは津軽海峡で隔てられ、樺太と繋がる半島を形成していたため（図２-２参照）、北方からヒトの流入によって始まったと考えがちですが、旧石器時代の前半期（三・五〜二・五万年前）は次のように始まったと云います。

「古北海道半島の旧石器文化は、南方系の台形様石器石器群の登場から開始された。台形様石器は、近年の実験考古学の成果から、小狩猟具であり、ダーツまたは弓矢として利用されたと考えられている。

前述したように、既存の年代測定値では、千歳祝梅遺跡の三角地点の二・九万年前が最古であるが、集団の故地である古本州島の台形様石器石器群の存続年代が三・八万年以降と考えられているので、三万年以前（おそらく三・五万年前）には古北海道半島に古本州島から現生人類が渡来していた可能性が高い」（『旧石器時代』38）

最初に北海道に登場した新人は本州からやって来ました。彼らはこの地に留まり文化を育み、人口が増えるにつれ、ある者は樺太や東シベリアへ、またある者は北アメリカへと移動して行ったのです。（図1-9、10参照）

シベリアのブリアート人と日本人が似ているのは、遠い祖先が北海道を経由して北へ移動して行ったから、と考えるとその訳が分かります。

その後、寒冷期を迎えた後半期（二・五～一万年前）に様相は変わっていくとあります。

「酷寒気候の下で新しく出現したマンモス・ステップには、同植生帯によく適応したマンモス動物群が、シベリアなどの大陸から半島をとおって拡大した。南方系の石器群は消え、マンモス動物群を追って大陸から渡来した細石刃石器群《さいせきじん》に交代する（二・五万年前）」（39）

しかし「上記の判断には疑念が残る」というのも、一・五万年以前の北海道にも多くの人々が住んでおり、それ以前、較正年代で二・七〜二・八万年前から、既に彼らは細石刃を使っていたからです。

一九八七年、知床半島の北側の基部に位置する越川遺跡（炭素14年代で約二万三四三〇年前＝較正年代で二万七四三〇年前：引用者注）から次のようなことが明かされました。（第四紀研究　第30巻　第2号「北海道、越川遺跡における約2万年前の細石刃様の石器」曽根敏雄等）

「越川遺跡で発見された石器は、細石刃を伴う最終氷期の石器文化の所産の可能性が高く、この時代の石器文化が全道的な広がりを持つ可能性を示唆する」（113）

北海道に残った人々が全道的広がりを超え、再び北へと移動して行ったことは、北海道の黒曜石が樺太で発見されたことから分かります。

「後半期になると黒曜石の遠距離運搬が顕著になり、三八〇キロ離れたサハリン南部にあるソコル遺跡などの札滑型細石刃石器群《さっこつがたさいせきじん》では、白滝産黒曜石が利用されている」（『旧石器時代』44）

そして北海道の細石刃文化は、日本海側を中心に遠く島根県にまで及んでいました。これは人々の交流が長い期間にわたって北海道と本州の間で行われ、言語の混合も行われていたことを意味します。

アイヌは先住民ではない・新参者である

やがて地球の温暖化が進み、北海道は樺太と切り離され、縄文時代へと移行していきます。例えば、礼文島《れぶん》からは多くの縄文遺跡が発見され、船泊遺跡《ふなどまり》（約四〇〇〇〜三五〇〇年前）から、奄美や沖縄で採れるイモガイを使ったペンダントや新潟県糸魚川産のヒスイ、南九州と類似した土器などが出土しました。これらは縄文時代に人々が南から北へと移動、或いは交流していた証です。

函館市にある「垣の島B遺跡」の墓からは副葬されていた漆塗りの糸製品が発掘されました。これは今から約九〇〇〇年前のものであり、シナよりも二〇〇〇年も古い世界最古、日本独自の発明品でした。そして漆文化は縄文文化の重要な一要素となったのです。

〝漆文化〟はアイヌ民族の起源を考察する時、重要なヒントとなります。アイヌは漆文化とは無縁です。そればかりか、縄文土器、貝文化、農耕とも無縁、言語も日本語と別系統であり、彼らは縄文人の子孫や日本民族の先住民ではありません。

その彼らが大陸で元《げん》に服属した民族を襲ったため、その民族が元に救援を求め、元が北からアイヌを攻撃したのです。元には勝てず、故地であるアムール川河口部から樺太を通って今度は北海道へ逃げ込んできました。

北海道の先住民にとって、瞳の青いアイヌを含む彼らの侵入は異民族の侵略そのものでした。狩猟民族の彼らは、トリカブトの根から採った猛毒を鏃《やじり》に塗った毒矢を使ったため恐れられ、まず、樺太や北海道のオホーツク海沿岸で暮らしていた漁撈民、オホーツク文化人を滅ぼしたと考えられます。彼らの女性のｍｔＤＮＡがアイヌの中に混入して来たことからの推測です。（新版『日本人になった祖先たち』208）

鎌倉時代になって、それまで北海道にいなかったアイヌが忽然と登場したのはこのような理由があるのです。その後、彼らが縄文時代以来、日本人が住んでいた北海道各地で諍《いさか》いを起こしたのは当然の成り行きでした。（表２‐２）

しかし日本人はアイヌをチベットやウイグルのように滅ぼそうとせず、受け入れ、両者は共存し、時に争い、暮らしていました。そして鉄器、土器、農耕、文字文化を持たないアイヌは、自らの後進性を自覚し、進んで同化し、目の青いアイヌも日本人との混血によりやがて黒くなり、文字を覚え、言語も日本語を使うようになっていきました。

冒頭で紹介した津田左右吉の見方、「アイヌ＝異民族説」は過去の話であり、今は完全な

北海道史年表

本州の時代区分	年代（西暦）	北海道の時代区分		北海道に関する主なできごと
旧石器時代	BC20,000	旧石器時代		・北海道に人が住みはじめる ・細石刃が使われる
縄文時代	BC10,000 BC6,000	旧石器時代		・有舌尖頭器が作られる ・弓矢が使われはじめる
縄文時代		縄文時代	早期	・竪穴住居が作られる ・貝殻文土器が使われる ・石刃鏃が作られる
縄文時代	BC4,000	縄文時代	前期	・気候が温暖化、縄文海進はじまる ・各地に貝塚が残される ・東北・道南に円筒土器文化発達
縄文時代	BC3,000	縄文時代	中期	・漆の利用がはじまる
縄文時代	BC2,000	縄文時代	後期	・大きなヒスイが装飾に使われる ・環壕集落が現れる ・ストーンサークルが作られる ・周堤墓が作られる
縄文時代	BC1,000	縄文時代	晩期	・東日本に亀ヶ岡文化が栄える
弥生時代	BC 300 0	続縄文時代		・コハクのネックレスが流行する ・金属器が伝えられる ・南海産の貝輪がもたらされる
古墳時代	400	続縄文時代		・北海道の文化が本州へ南下する ・洞窟に岩壁画が彫られる
古墳時代 飛鳥時代 奈良時代	600	擦文時代	オホーツク文化期	・オホーツク文化が樺太から南下する ・阿倍比羅夫が北征する ・カマド付の竪穴住居に住む
平安時代	800	擦文時代		・北海道式古墳が作られる ・蕨手刀や帯金具が伝えられる
鎌倉時代	1,200 1,300	中世	アイヌ文化期	・道南で平地住居が作られる ・土器のかわりに鉄鍋が使われる ・蝦夷から津軽へ往来、交易する ・『諏訪大明神絵詞』成る
室町時代		中世	アイヌ文化期	・道南に館が作られる ・道南でアイヌと和人が争う ・チャシ(砦)が作られる
江戸時代	1,600	近世	アイヌ文化期	・松前氏が蝦夷地の交易権を確立 ・日高地方でアイヌと和人が争う ・国後・根室でアイヌと和人が争う ・伊能忠敬が蝦夷地を測量する
明治時代 大正時代 昭和時代 平成時代	1,900	近代 現代		

表 2-2　北海道教育委員会ホームページより

日本人になっています。従って、現在北海道にいるというアイヌは似非《えせ》アイヌであり、為にする〝アイヌゴッコ〟なのです。

今まで見てきた通り、Y染色体と考古学的な事実は一致しており、残るテーマは日本と朝鮮半島との関係になります。

第三章

「韓国考古学会」が認めた衝撃の真実

日本の〝新人〟は何処から来たか

この件に関し、佐藤宏之氏は次のように記していました。

「古本州島では、複数の遺跡から最古段階の年代測定値が報告されており、いずれも三・八万年前となる。（中略）この時期に古北海道半島経由での大陸からの人の移動は考えられないので、現生人類の流入ルートは朝鮮半島となろう」（『旧石器時代』32）

この推論には次なる根拠があると云うのです。

「古本州島とのあいだでもっとも陸地が接近していたのは今日の朝鮮海峡付近であった（幅一五～二〇キロメートル程度と推定）から、このあいだをなんらかの手段で海洋渡航して列島に渡ったはずである。旧石器時代の海洋渡航技術については、遺跡などから直接的証拠（舟などの依存物）は得られていないので、具体的にはよくわからないが、獲得には黒潮を渡る外洋渡航が必須の伊豆・神津島産黒曜石が、同じ時期から古本州島で盛んに利用された証拠があり、十分可能であったと考えられる」（33）

神津《こうづ》島の黒曜石は長野や関東でも使われており、旧石器時代の人々は陸地を見ないで航海する技術を習得していたことは確かでしょう。しかし右の傍点部分から分かる通り、氏は単に「なんらかの」「はずである」、「よくわからない」、「考えられる」といった上で、「朝鮮半島となろう」としました。これらは根拠なき推定であり、この曖昧さを補強しようとした次なる一文が論理破綻を招くことになったのです。

「以上のことから、現生人類の列島への拡散は三つのルートともに利用されたといえるが、もっとも古いのは朝鮮半島ルートとなる。朝鮮半島（韓国）には前期・中期旧石器時代の遺跡が数多くあることも、この推定を支持しよう」（33）

ここでは「現生人類の列島への拡散」を論じているわけですから、焦点を当てるべきは〝後期旧石器時代〟であり、絶滅した原人や旧人の時代、前期・中期旧石器時代を引き合いに出すのは見当違いです。それはご自分で書いた次の一文を読めば分かります。

「世界の旧石器時代の時代区分は、地域により多少の異なりがあるが、東アジアでは前期旧石器時代（二〇〇～二〇万年前）・中期（二〇～四万年前）・後期（四～一万年前）から成り、おおむね前期は原人が、中期はネアンデルタール人などの旧人が、そして後期は現生人類ホモ・サピエンス（新人）がつくった文化とみなすことができる」（10）

氏はこの様に認識しており、今論じるべきは新人が渡来し文化をつくった後期旧石器時代であるべきなのです。では、氏の認識は正しいのか、事実に即して確認してみましょう。

日本と半島の中期旧石器時代の遺跡数

そこで二〇一三年発行の『概説韓国考古学』（韓国考古学会編、武末純一監訳、同成社）を買い求め、韓国の先史時代の最新成果を確認してみました。〈韓国考古学会が総力を結集した概説書の最新版〉と銘打ったこの本には次のようにありました。

「現在までに発見された旧石器遺跡は一〇〇〇箇所をこえると推定される」(22)

考古学という証拠に基づいて論ずべき学問に〝推定〟なる言葉が出てくるのは不可解なのですが、発掘による証拠が得られていないということでしょう。では証拠のある遺跡数はどうなのか。

この本に掲載された半島の主な旧石器遺跡は、かつて伊藤俊之氏の提示した図と大差なく、わずか四三ヶ所に過ぎませんでした。（図３‐１）

わが国の旧石器遺跡は一万七〇〇〇とのことなので、仮に推定値一〇〇〇ヶ所を使っても六％弱、根拠のある遺跡数四三ヵ所なら〇・二五％に過ぎず、無きに等しいのです。

ではその中で、氏のいう「朝鮮半島（韓国）には前期・中期旧石器時代の遺跡が数多くある」は正しいのでしょうか。『概説韓国考古学』には次のようにあります。

「我が国の旧石器時代遺跡は、ほとんどが更新世後期（約十三万〜一万二〇〇〇〇年前）に属する」（21）

そして中期旧石器遺跡で最も古いのが羅州唐加の四五三八〇±一二五〇ＢＰであり、四万年以前の遺跡は他に二ヵ所しか掲載されていません。即ち、中期旧石器遺跡は三ヵ所程度発見されていたに過ぎなかったのです。

然るに佐藤宏之氏は、日本の中期旧石器時代遺跡について次のように記していました。

「日本列島には、中期旧石器時代に（中略）六〇遺跡程度の遺跡の存在が確認・報告されている（後略）」（『旧石器時代』10）

比べてみると、日本からは半島の二〇倍もの中期旧石器時代の遺跡が発見されており、氏のいう日本に比べ「朝鮮半島には前期・中期旧石器時代の遺跡が数多くある」は、氏自身が提示したデータが否定していたのです。

次に、後期旧石器時代の実態に沿って検討を加えていきましょう。

「後期旧石器時代」少なすぎる半島の遺跡

約二万年前のウルム氷期の最盛期、海面は今より一〇〇～一四〇m程低く、対馬と九州は陸路、往来できたのですが朝鮮海峡の水深は深く、対馬と半島の間は15～20㎞程の海峡を形成していました。(図2‐2参照)

南から海を渡って来た人々ならいざ知らず、アフリカを旅立ち、ユーラシア大陸を通って半島の南端に至った人々がいたとして、彼らは川はともかく海など渡ったこともなく、眼前に広がる海峡の前に立ち途方に暮れたのではないでしょうか。

例えば、古代史研究をネットで公開してきた伊藤俊之氏は次のように記していました。

「そして当然、半島の南端で、対馬海峡に乗り出すグループと渡海を断念するグループに分かれただろうと想定していた。断念したグループは、半島南部の照葉樹林帯か、少し戻って中部以北のナラ林帯で、旧石器以来、日本列島におけると同様に、各々の文化を発展させてきたはずだと筆者は迂闊にも信じていた」

「しかし、韓国の前国立博物館館長、韓炳三が示す、右の図は衝撃的である。朝鮮半島では旧石器時代の遺跡は、五〇ヵ所程度しか発見されていなかった。このレベルの遺跡ならば、

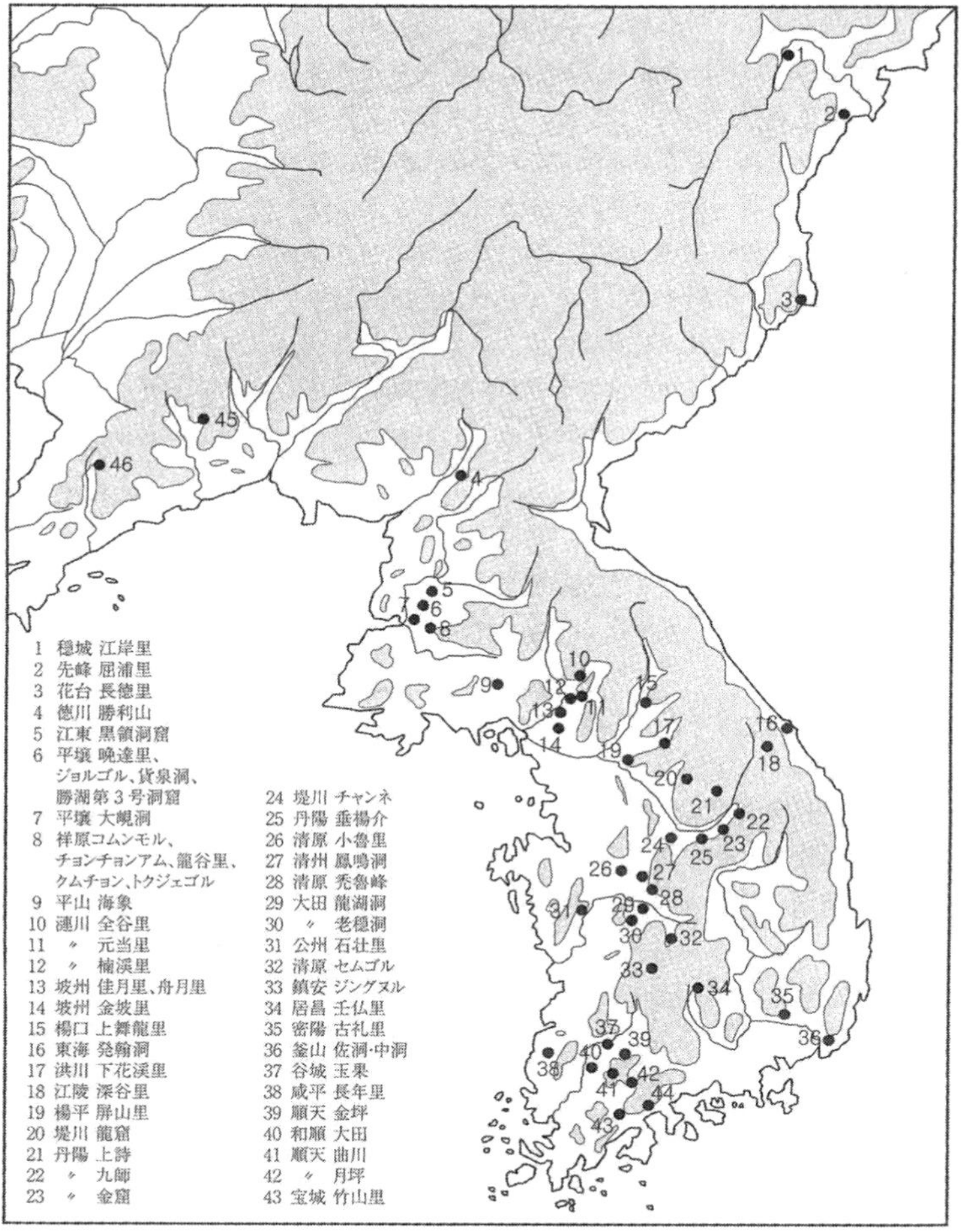
1 穏城 江岸里
2 先峰 屈浦里
3 花台 長徳里
4 徳川 勝利山
5 江東 黒領洞窟
6 平壌 晩達里、
ジョルゴル、貨泉洞、
勝湖第3号洞窟
7 平壌 大峴洞
8 祥原コムンモル、
チョンチョンアム、龍谷里、
クムチョン、トクジェゴル
9 平山 海象
10 漣川 全谷里
11 〃 元当里
12 〃 楠渓里
13 坡州 佳月里、舟月里
14 坡州 金坡里
15 楊口 上舞龍里
16 東海 発翰洞
17 洪川 下花渓里
18 江陵 深谷里
19 楊平 屏山里
20 堤川 龍窟
21 丹陽 上詩
22 〃 九郎
23 〃 金窟
24 堤川 チャンネ
25 丹陽 垂楊介
26 清原 小魯里
27 清州 鳳鳴洞
28 清原 禿魯峰
29 大田 龍湖洞
30 〃 老穏洞
31 公州 石壮里
32 清原 セムゴル
33 鎮安 ジングヌル
34 居昌 壬仏里
35 密陽 古礼里
36 釜山 佐洞·中洞
37 谷城 玉果
38 咸平 長年里
39 順天 金坪
40 和順 大田
41 順天 曲川
42 〃 月坪
43 宝城 竹山里

図 3-1　朝鮮半島の主な旧石器遺跡
（『概説韓国考古学 P24 より』）

日本列島の旧石器時代の遺跡数は三〇〇〇〜五〇〇〇ヵ所にのぼるというのに、である。これはどうしたことであろうか」

半島の遺跡数は今もほぼ同じなのですが（図3‐1参照）、佐藤宏之氏は、日本からは後期旧石器遺跡は一万七〇〇〇ヵ所（文化層ごとの合計）になると云います。寒冷化の時代、日本は比較的温暖であり、海洋資源にも恵まれていたため人口は増加していったことをこの遺跡数は物語っています。

旧石器時代、遺跡の多い所から少ない所へとヒトは移動して行く、なる氏の考えに従えば、新人は日本から半島へと移動して行ったことになります。彼らは海洋民族であり、対馬からたかが20㎞程度の対馬海峡を渡ることなど容易《たやす》かったはずです。

未だシナ大陸にO2系統の民族が進出していなかった時代、彼らはシナ大陸はもとより、チベットやモンゴルにまで達したことも、彼らと日本人に共通するY染色体ハプロタイプ（D、C系統）からも窺《うかが》い知ることができます。（図1‐10参照）

日本から半島へと移住した縄文人

狩猟採集を中心とする旧石器時代に、ヒトが生き延びていくには厳しいハードルがありました。沖縄出身の考古学者・高宮広土氏は次のように論じています。

「〈沖縄諸島のような島で何千年も生活を営むためには、まず①海を渡り、②食料となる動植物を探し出し、③ある程度の人口を持ち、④その人口には再生可能な男女が何人か必要だ〉という四つの条件を掲げておられる。しかし沖縄本島において③と④を維持するのは難しいことだという」（『日本人はるかな旅②』81）

この条件には、半島や日本列島においても適用される項目があります。それが②、③、④であり、その実態を次のように記していました。

「熱帯や亜熱帯の民族事例の研究から、狩猟民は、通常三〇人から五〇人の集団を形成して移動生活をするという。そして獲物を捕りながら移動していくが、一つの集団に必要な移動範囲は直線距離で一〇〇キロ、面積にして一五七〇平方キロだという」（81）

韓国の面積は約10万平方㎞、北朝鮮は約12万平方㎞、合計22万平方㎞となります。これを単純に一生活集団が生息可能な一五七〇平方キロで割ると約一四〇となります。

日本の面積は約38万平方㎞であり、同様に計算すると約二四〇となります。

即ち、半島では一四〇集団が生息可能なのに、旧石器時代の遺跡が43しか確認されていないということは「人口圧は低かった」となります。

（注）人口圧：生活を支える経済活動に対し人口が相対的に過剰傾向にあることをいう。人口移動の一因となる。

即ち、ヒトの集団が大陸からやって来て半島にたどり着いたとして、彼らは危険を冒し、海峡を渡って九州へ移り住む必然性はなかった、となります。

対する日本列島では一万七〇〇〇もの遺跡（文化層）があったわけですから、仮に、全ての後期旧石器遺跡に七つの文化層があったとしても、その時代に二四〇〇程度の遺跡が並立していたことになります。

この数は、生活集団が存在できる数の一〇倍以上であり、海の幸を加えたとしても、特に九州や古本州島は過密であり、これだけの集団を支えきれないことになります。

すると、彼らは人口圧により沖縄から九州へと移動して行ったように、ある集団は九州から本州を通って北海道へ、またある集団は九州から半島や大陸へと移動して行ったことは容易に想像できます。

佐藤宏之氏も推定していたように、現生人類（新人）は人口圧によって「古本州島、主に九州から半島やシナ大陸へと押し出されていった」ことになります。（図1・9参照）

朝鮮半島からヒトの影が消えた！

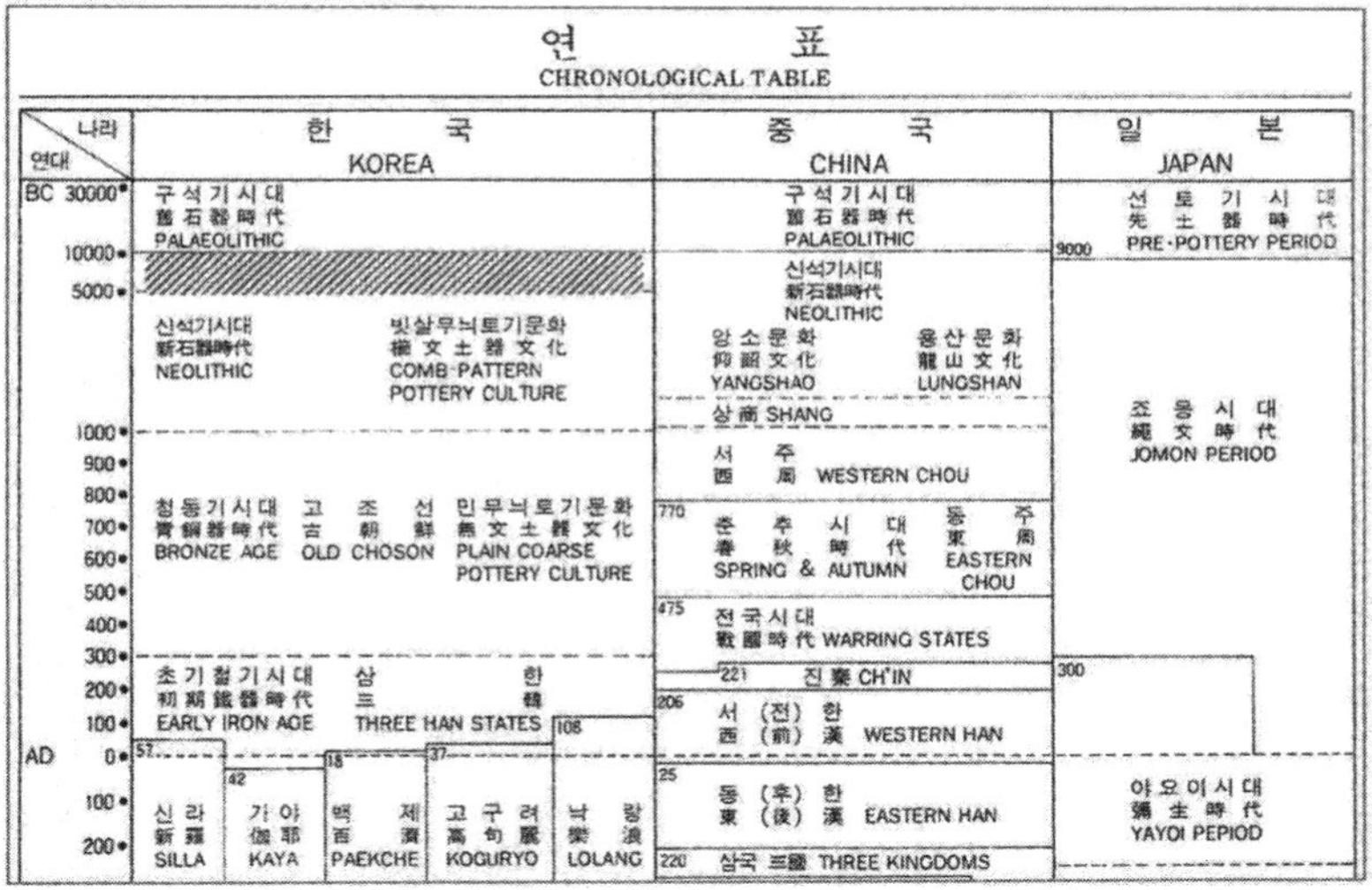

表 3-1　東アジアの年表〈日本、シナ、半島〉
（『韓国国立博物館』日本語版の年表・部分に加筆）

日本の旧石器遺跡は、しばしばその上部や周辺に縄文時代の遺跡が重層的に重なり、人々が暮らし続けたことを物語るのですが、〈表3‐1〉（『韓国国立博物館』韓炳三監修、通川文化社、一九九三）の〝斜線部〟を見れが分かる通り、半島人は紀元前一万年を境に絶滅し、五〇〇〇年間無人地帯となり、その後、何処からか人がやって来たことになります。

この表をみて、半島での「歴史の断絶」を知った伊藤俊之氏はショックを受けたようです。

「次の表は更に衝撃的である。なんとB・C一〇〇〇〇～五〇〇〇〇年の間、遺跡が、すなわちヒトの気配が、半島からなくなるのである。新たに遺跡が出てくるのは、七〇〇〇年前、世界がピプシサーマル期を迎えようとする時期からである」

（注）ピプシサーマル期：BC五八〇〇〜三五〇〇年の気温が比較的温暖だった時期

後期旧石器時代以後も、人々が大陸から半島へやって来続けたなら、遺跡が消滅することなどなかったはずです。

確かに、前期・中期旧石器時代、日本は大陸と陸続きだったのでその地を通って旧人は日本へとやって来たと推測されます。（図2‐1参照）

しかし後期旧石器時代になると半島と日本列島は切り離され、おそらく北からの旧人の流れは途絶え、今度は、南からやって来た新人が沖縄から九州・本州・北海道へと移動し、人口圧により、半島や大陸へと移動して行ったと考えられます。

その後、狩猟採集民族が生存し続ける三条件の何かが欠落し、半島からヒトが生存していた証拠、遺跡が消えてしまう。即ち、半島人は絶滅してしまったのです。

韓国考古学会も認めた「不都合な真実」

私は、今も〈表3‐1〉が妥当なのか、最新の研究成果で確認しようと思い、『概説韓国考古学』を開くと先ず次のようにありました。そして彼らの正直さに感心したものです。

「日本東北部やアムール河下流では、更新世が終わるころにすでに土器が世界で初めて作られていた」（37）

一九九八年、青森県の大平山元《おおだいやまもと》Ｉ遺跡から発見された無紋土器片に付着した炭素の較正年代は、「約一六五〇〇ＢＰ」と測定されました。これは世界最古の土器であり、日本ではその後も絶え間なく土器が作られてきたことがこの事実を裏付けています。

（注１）処が二〇一二年六月、「中国江西省の洞窟遺跡で二万年前の土器発見！」なる報道が共同通信社から流されました。これを鵜呑みにした人も多かったのですが、この年代は土器に付着した炭素から得られたものではなく、洞窟内の炭素から推定されたものでした。

（注２）この洞窟に住んでいたのは中国人の祖先ではなく、日本から移り住んで行った人々です。この時代、彼ら（漢族）の祖先Ｏ２は誕生していませんでした。

では、最近の研究結果はどうであったか。韓国考古学会は次のように記していました。

「韓半島では更新世の終息後、後氷期に該当する中石器時代と関連する確実な証拠はいまだ発見されていない。後氷期の最も古い遺跡としては、細石器と石鏃が隆起文土器と共に発見された済州島高山里遺跡や、無土器遺物層が報告された統営上老大島貝塚最下層などがあるが、現在まで発見された証拠のみで中石器時代を設定することはできない」(37)

韓国の〝中石器時代〟とは、約前一万年に更新世が終息し、土器が製作され始めるまでの時代を指していますが、半島の実態とは次のようなものだったのです。

「このような遺物は済州島のみで発見されており、旧石器時代の終息から紀元前五〇〇〇年頃までの長い時間に存在する確実な資料は、ほとんど何も知られていない」(43)

つまり、旧石器時代の後、縄文人が進出していた済州島を除き、朝鮮半島からは五〇〇〇年間にわたって土器はもちろん、ヒトが住んでいた痕跡が発見されていない、と韓国考古学会は結論づけたのです。即ち、〈表3 - 1〉は今も修正の余地はない、となります。

人々は日本から無人の半島へと移住

実は『韓国の歴史』(金両基監修、姜徳相・鄭早苗・中山清隆編、河出書房新社、二〇〇二年)が記した一文から、旧石器時代に人々が日本から半島へと移動して行ったことが分かります。

「東三洞貝塚は三つの文化層からなっており、最下層の一期層からは隆起文・押引文・無紋土器や磨製石器が、第期二層からは櫛目文土器や黒曜石が、三期層からは無紋平底土器などが発掘された。二期と三期の層から日本の縄文時代の中・後期の土器が発見され、注目された。そのころ、日本（九州）との交流があったことが裏付けられたからである」（4）

この本が触れなかった最下層、第一期層から磨製石器とともに出土した無紋土器は縄文時代草創期（＝旧石器時代）の土器である可能性が高く、即ち、この地には旧石器時代から日本から人々が移り住んでいた可能性が高いのです。

押引文土器は沖縄のサキタリ遺跡からも発見された約八〇〇〇年前の土器であり、九州から人々が半島へと移り住んで行った証拠と云えます。

隆起文土器は約七〇〇〇年前に対馬の越高遺跡や済州島からも出土しており、人々は対馬を拠点に半島へと移住していったことが分かります。

処が長崎新聞は「朝鮮系〈隆起文土器〉を確認」なる記事を載せました。

「対馬市上県町越高遺跡で一八日、市教委と熊本大は二〇一五年から続ける発掘調査の現地説明会を開いた。発掘した土器片のほとんどが朝鮮半島系の「隆起文土器」で、朝鮮半島から渡ってきた人が暮らすため対馬で作ったものとみられる。調査チームは、〈縄文時代の朝鮮半島と日本列島の交流を検証するうえで貴重〉と評価している。
調査チームによると、越高遺跡は、縄文時代早期末（紀元前5千年）から前期初頭（同4500年）にかけての遺跡。
（二〇一七年九月一九日）」

図 3-2　縄文時代の朝鮮半島
（BC5000 ～ BC2000 年）

韓国史に疎《うと》い考古学者は、このような発表を行い、何も知らない記者はそのまま報じ、人々はこのウソを信じ、歴史観が歪められていく悪循環がここにあります。

常識で考えて、「朝鮮半島から渡ってきた人が暮らすため対馬で作った」と云っても、前一万年から前五〇〇〇年まで半島にヒトはいないのですから、ヒトが対馬に渡って来られるはずがありません。（表3－1）

考古学者（ここでは熊本大学）がしばしば用いるこの時代の「日本（九州）との交流」とは、人口圧により日本から半島へと進出した縄文人が、故地である日本との間を行き来していたことを指しているのです。（図3－2）

さらに、隆起文土器の時代は、韓国・朝鮮人は半島に存在しておらず、〝朝鮮半島系〟な

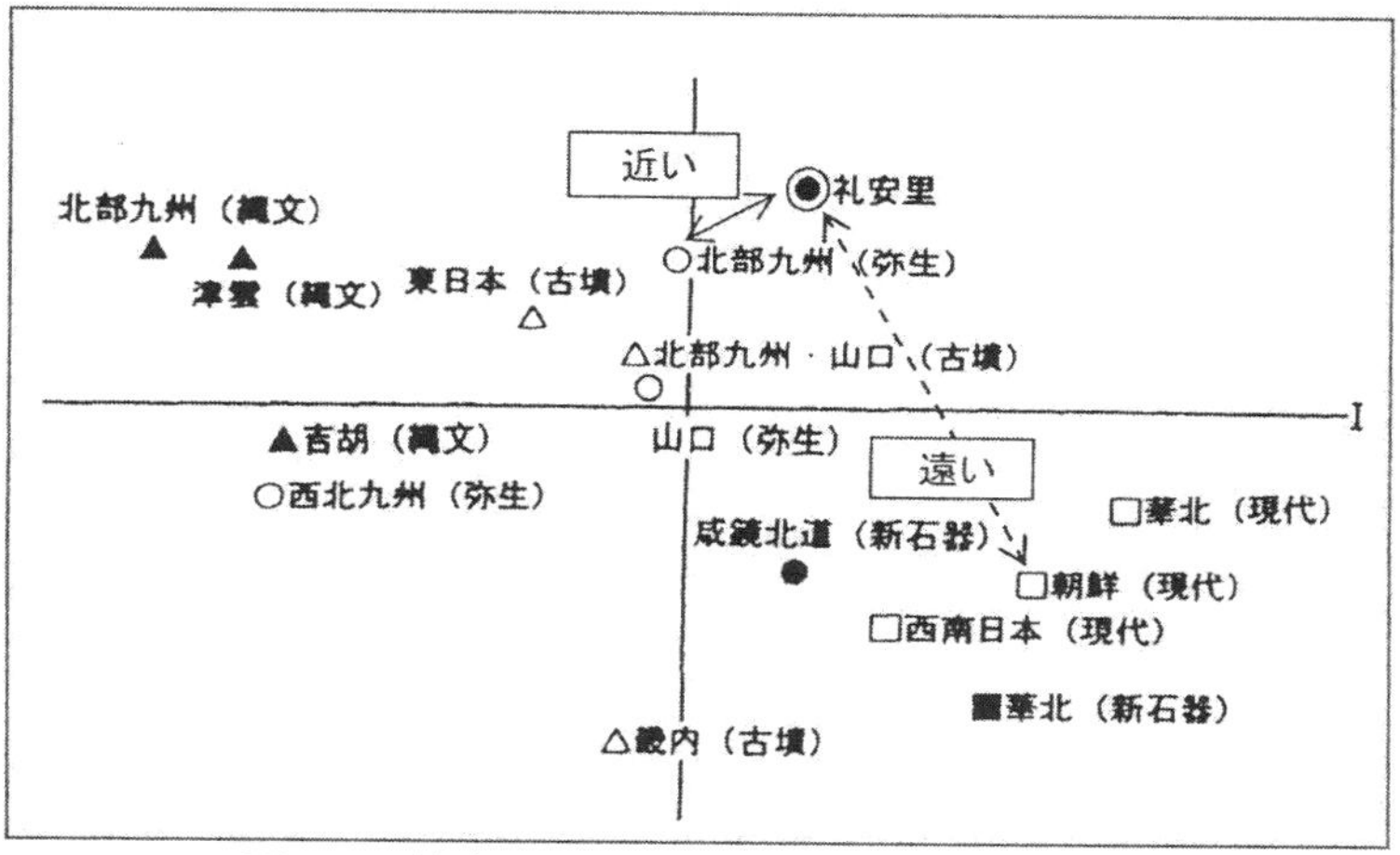

図 3-6　礼安里人と他集団との Penrose 形態距離
（「鹿歯紀要 18」P6 図 5 に一部加筆）

五六二年、伽耶は新羅により滅ぼされるのですが、伽耶は倭人の国だったのです。

小片氏は、伽耶人骨の特徴を列挙した後、次のように記していました。

「礼安里人は、眼窩の高さと鼻根部の扁平性が際立っている。また、現代朝鮮人との間にも、顔高をはじめ、かなり多くの相違点がある（中略）。

そこで、頭蓋計測値9項目を用いて礼安里人と比較諸集団との Penrose 形態距離を算出してみた。この距離が小さいほど形態的に似ているとみなされるが、男性では咸北（咸《かん》鏡《きょう》北道）新石器人に最も近いが、朝島人は大きく離れ、現代朝鮮人からの距離も大きい」（6）

その上で主成分分析図を提示していまし

た。（図3-6）

中橋氏がこの図を欠落させた意図は不明ですが、これ見ると次なる事実が明らかになります。

① 礼安里人は、現代朝鮮人の祖先ではない。両者は別民族である。

② 礼安里人は弥生時代の北部九州の人々の集団に属している。

③ 上記の集団は〝渡来系弥生人〟と称されるが、彼らは現代朝鮮人や現代北部シナ人の祖先ではない。彼らは元々半島南部から北部九州に住んでいた倭人であった。

では、現代の韓国・朝鮮人とは何者なのか。それは歴史を紐解けば容易に理解されます。統一新羅の後、高麗の時代、半島はモンゴルに蹂躙《じゅうりん》され、女性は征服者の戦利品となり、混血児が生まれ、その後はシナの属国として千年もの間、美しい女性から貢物としてシナに送り続けられました。さらに、半島にやって来たシナ人に女性を貢、混血児が生まれ、その繰り返しが何十世代にもわたって繰り返され、その末裔が今の半島人のあのような形質なのです。

故に、礼安里人と現在の韓国人の距離は著しく遠く、両者は形質人類学からみて、別民族であることを小片氏は明らかにしたと云えましょう。

韓国史を知らない考古学者の問題点

日本の考古学者は、韓国考古学会が認めている〈表3 - 1〉をご存じないようです。熊本大に続き、歴博の藤尾慎一郎副館長も『弥生時代の歴史』（講談社現代新書、二〇一五年）に於いて次のように書いていたからです。

「九州北部と朝鮮半島の間には、もともと数千年にわたる交流があった。朝鮮海峡をはさんだ両地域には七〇〇〇年前の縄文前期から、朝鮮半島沿岸から九州西岸にかけて回遊魚を追って移動生活を送っていた海洋漁撈民がいた」（37）

「朝鮮半島の南海岸や島嶼《とうしょぶ》部からは縄文土器が、対馬や壱岐、九州北部の沿岸部からは朝鮮半島の新石器時代の土器である櫛目文土器が見つかる。両地域の人びとが漁の途中で海岸部の港や島嶼部の港に出入りしていたことを示す証拠と考えられる。

このように新石器時代の交流は、沿岸部や島嶼部の港に、漁の途中で立ち寄った程度の一時的なものにとどまるという、漁撈型の交流であった」（37）

また、『農耕の起源を探る』（吉川弘文館、二〇〇九年）を書いた考古学専攻の九州大学教授・宮本一夫氏も大差ありません。

「朝鮮半島南部と北部九州の交流とは、朝鮮半島南海岸地域と北部九州の沿岸地域との交流であるから、これら両海岸地域との交流と呼び替えたい。その両岸地域の交流は、紀元前五〇〇〇年頃の縄文早期末まで遡りうるのである」(212)

「縄文早期末から前期にかけては、朝鮮半島南部の隆起文土器が、対馬の峰町腰高遺跡や腰高尾崎遺跡において主体をなし、その分布域のベクトル線が北部九州まで見てとれる段階である。この流れは、前期のプロト曽畑式の成立が朝鮮半島南部の新石器時代の刺突文系土器によるものであるように、縄文前期まで朝鮮半島南部から北部九州沿岸といった土器流入のベクトル線が認められるのである。もちろんこの方向とは反対の流れとして北部九州の土器が朝鮮半島南部でも認められる」(213)

これらを読むと、「七〇〇〇年前から半島に今の韓国(朝鮮)人の祖先が住んでおり、彼らと北部九州の人びとが交流していた」と誤解しやすいので注意が必要です。

その実態とは、「縄文人はこの頃から、無人となった半島へ移り住み、その中には半島沿岸から九州西岸にかけて回遊魚を追って移動生活を送っていた人々もいた」と云うことです。

韓国考古学会は日本の考古学者のために次なる一文を載せています。

「新石器時代は、紀元前二〇〇〇年から一五〇〇年頃の青銅器時代のはじまりとともに終わりを迎える」（『概説韓国考古学』43）

しかし日本の考古学者はこの意味を理解できないようなので、改めて韓国史の専門家の見解を紹介しておきます。

縄文人は三〇〇〇年以上半島の主人公だった！

先に紹介した金両基監修の『韓国の歴史』には次のようにあります。

「その旧石器時代人は、現在の韓（朝鮮）民族の直接の先祖ではなく、直接の先祖は約四〇〇〇年前の新石器時代人からである」（2）

専門外の藤尾氏や宮本氏が、「韓国考古学」や「韓国史」に疎《うと》いのは致し方ないのですが、この本は大韓民国文化広報部海外広報館、駐日大韓民国大使館韓国文化院などの特別協力を得て上梓された韓国の公式見解といってよいものです。

韓国考古学会と韓国史の専門家の見解はほぼ一致しており、前二〇〇〇～前一五〇〇年頃に韓国・朝鮮人の直接の祖先が半島に流入し始めたということです。それまで半島に住んでいたのは日本から渡って行った縄文人とその子孫です。

従って、前五〇〇〇年前から前二〇〇〇年～前一五〇〇年頃まで、半島の沿岸・内陸を問わず、隆起文土器、櫛目文《くしめもん》土器、刺突文系土器など、三〇〇〇年以上にわたる半島の文化は日本人の祖先である縄文人が遺したものです。ですから西垣内堅祐・前国際縄文学協会理事長が指摘していたように、半島北部にまで縄文土器が広がっていたのです。

新たな民族の侵入により、半島での生活を謳歌していた縄文人は次第に圧迫され、南へと後退をよぎなくされました。その彼らが父祖の地である日本と交流し、或いは里帰りしていたことは北部九州の遺跡から出土する朝鮮系と称される土器が物語っています。しかしこれらの土器は、現在の韓国人ではなく、半島に進出していた日本人の祖先が作った土器なのです。

やがて半島北部から民族の混合が起こり、シナ人から見て倭人と異なる韓民族（馬韓）が誕生したようです。（図3‐4参照）

その後、馬韓から分かれて辰韓が誕生し、北部シナの扶余《ふよ》から高句麗《こうくり》と百済《くだら》の始祖が南下して来るのですが、高句麗は楽浪郡を滅ぼし（三一三年）、百済は恩義ある馬韓王をダマして乗っ取ってしまいます。（図3‐5参照）

それでも半島南部には倭人の国、任那《みまな》（弁韓、加羅、伽耶）が存在し、北の圧力に耐えかねた彼らは大和朝廷に助けを求め、その屯倉《みやけ》となって一定の勢力を保っていました。そして半島での民族国家の誕生は、大和朝廷の屯倉・百済を滅ぼした新羅《しらぎ》によりなし遂げられた（六七六年）といって良いでしょう。

しかし新羅の王族とは日本の末流、「日本から移り住んだ金脱解を始祖とする一族だった」と韓国・朝鮮人の正史、『三国史記』は明記しています。その後の真実は『韓国人は何処から来たか』に書いておいたので、ご興味のある方は参照下されば幸いです。

第四章　シナより早かった日本の稲作

遺伝子解析から見たイネの起源

私たちの主食、コメは栽培作物であるイネからとれるのですが、その大元は野生種のイネにあります。それが食料になりずらかったのは脱粒性にありました。野生のイネは、実《みのる》と直ぐに稲穂から離れ落ちてしまうのです。

処が、突然変異により、実っても直ぐには脱粒しないイネを見つけ、古代人はその種を栽培するようになり、収量が高く、管理が容易で、見た目が良く、おいしい品種を選んでいきました。このような選別を受け、熱帯ジャポニカとインディカの祖先系が誕生し、さらなる選別を受け、今日に至ったのです。

ですから今まで問題になってきた、「何時、何処でイネの栽培が始まり、どのようなルートで日本へとやって来たか」を知るには、先ずイネ誕生の歴史を知る必要があります。

現在、世界で生産されているイネの大部分はインディカ種なのですが、この種は各地で独自に栽培されてきたため、多くの種類があると云われています。温帯ジャポニカも長い間の選別を受け誕生したのですが、それらは次のような過程を経たと考えられます。

①野生のイネから難脱粒性栽培種の選別
②難脱粒性の栽培種から熱帯ジャポニカ祖先系とインディカ祖先系の選別
③熱帯ジャポニカから温帯ジャポニカ祖先系の選別

④温帯ジャポニカの選別により様々な品種の誕生

インディカ種はさておき、ジャポニカ種に焦点をあてると、熱帯ジャポニカの方が温帯ジャポニカより早く誕生していたのですから、温帯ジャポニカを栽培していた地域より熱帯ジャポニカを栽培していた地域の方が早くから稲作を行っていた可能性が高くなります。

先ずこの基本を押さえておく必要があります。

最初のイネは何処から来たか？

東京大学総長・佐々木毅氏が代表著作者であった『新しい社会6年　上』（平成一四年発行東京書籍）には呆れたことに次のように書いてあります。

「福岡県の板付《いたずけ》で今から二三〇〇年ほど前の水田のあとが見つかりました」

「米づくりは、おもに朝鮮半島から移り住んだ人々が伝えました」

佐々木氏を始めこの教科書の執筆者三四名の学者・教育者はこう信じ、一面水田が広がる図を載せていたのですが、これがウソでペテンなのです。

実は子供の歴史教科書とは、最初から最後まで、文科大臣から教科書検定官までもがグルとなった反日自虐、ウソとペテンのてんこ盛りであり、わが国では「歴史教育＝ペテン教育」そのものなのです。（『新文系ウソ社会の研究』47）

これは一例に過ぎず、例えばイネの専門家・佐藤洋一郎氏は次のように記しています。

「水田稲作が渡来人によってもたらされたという考えにたてば、弥生時代のイネは水稲であり、したがって典型的な弥生時代の遺跡からは水稲である温帯ジャポニカが出るはずである。ところが、青森県高樋《たかひ》Ⅲ遺跡から出てきた一粒の炭化米が、熱帯ジャポニカの反応を示したのである（中略）。

そして熱帯ジャポニカと言えば縄文時代の伝統を受け継ぐイネである。いったいどうなっているのだろうか。高樋Ⅲ遺跡についで、滋賀県守山市の下之郷遺跡からも四〇％を超える頻度で熱帯ジャポニカの種子が見つかった」（『日本人はるかな旅④』126）

これは、佐々木毅氏らの「おもに朝鮮半島から移り住んだ人々が伝えました」に対し、ならば「なぜ弥生時代の遺跡から、より古い時代の熱帯ジャポニカが高頻度に検出されるのか」という反証であり、教科書のデタラメさを証明しているのです。その根拠として氏は、多くの弥生時代の遺跡から熱帯ジャポニカが検出されていることを提示しました。（図4－1）

この事実は、水田稲作が始まる遥か前から、日本各地でイネが栽培されていたことを物語っ

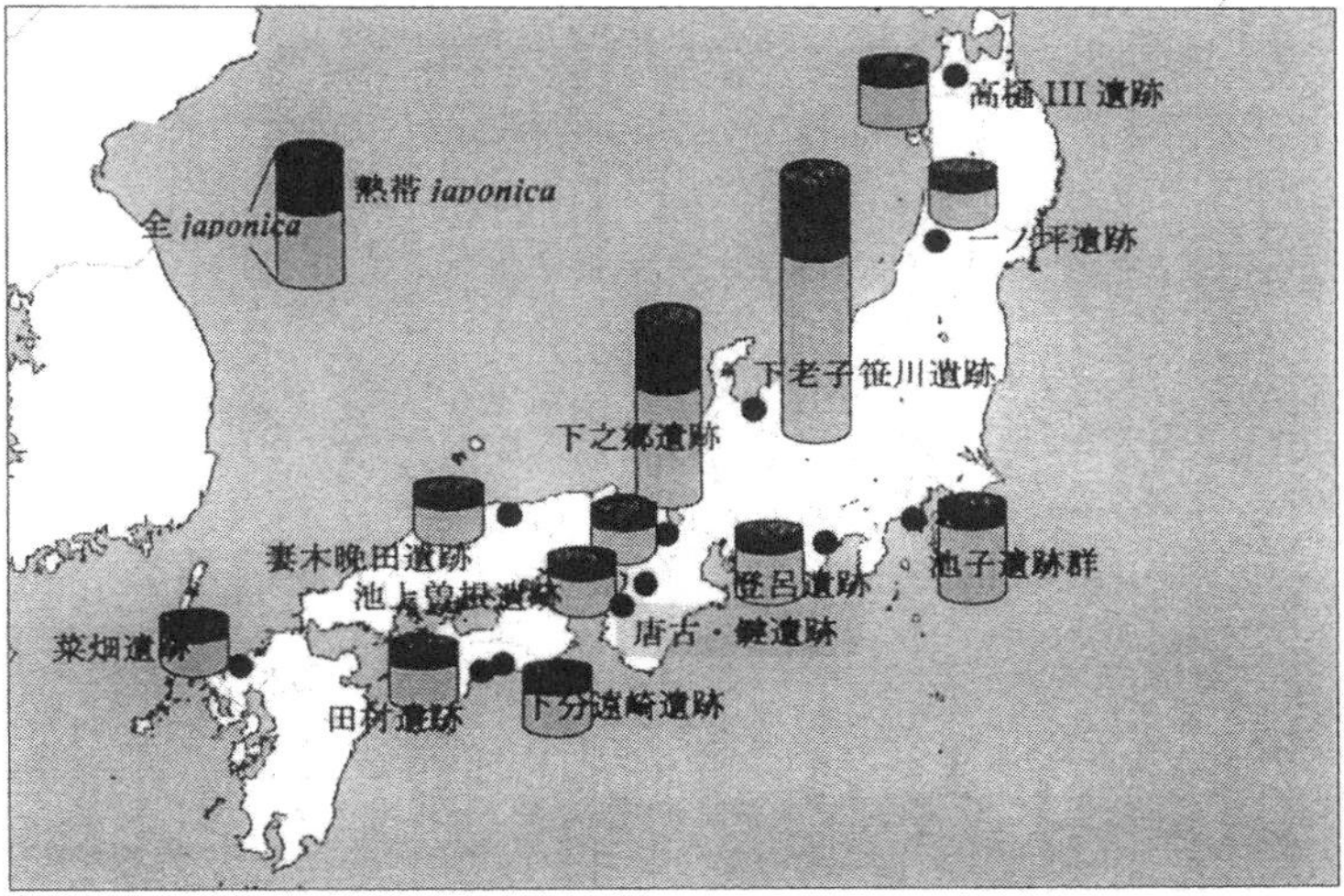

図 4-1　弥生時代以降の遺跡から検出された熱帯ジャポニカの比率
（『日本人はるかな旅④』P127 より）

ています。佐々木毅氏らの記述がウソでペテンと断じた理由の一つです。ではこのイネは何処から来たのか。

「熱帯ジャポニカが南西諸島を経由して、柳田さんの「海上の道」を通って日本列島に達したものと考えたのである。この考え方の基本は今も変わっていない。ただ、渡来元、つまり伝播経路を示す矢印の根元がどこにあるのかがいまもってはっきりしない。

『稲のきた道』当時は、私は矢印の根元が台湾からフィリピンにまで達するように考えていた。それは、熱帯ジャポニカの現在の分布の中心がフィリピンからインドネシアにかけてであると考えられていたからである。しかしその後の調査で、熱帯ジャポニカの分布の中心が熱帯島嶼部だけでなく、インドシナ半島の中心部にもあることがあきらかとなった。

また、中国浙江省の河姆渡《かぼと》遺跡（約七〇〇〇年前）の炭化米中には熱帯ジャポニカの性質を持つものが見つかっている。このように、熱帯ジャポニカの渡来元としての条件を満たす土地は以前よりかえって広くなっているのが実情であり、その特定にはさらに時間を要するものと思われる」（佐藤洋一郎『稲の日本史』角川ソフィア文庫、二〇一八年　82）

氏は「さらに時間を要する」としたのですが、それには理由があったのです。

ジャポニカ種の起源は東南アジアだった

言語学者でオーストロネシア語の専門家である崎山理氏の『日本語「形成」論』（二〇一七年）に目を通していた時、偶然次なる一文に目がとまりました。

「イネの遺伝子変異の比較調査から、これまで言われてきたイネ（ジャポニカ種）の起源地が長江中・下流域とは限らず、フィリピン、インドネシアにもたどれることが農業生産資源研究所（つくば市）によって明らかにされていることである（Izawa et al.2008)」（5）

これが、平成二〇年七月七日の【プレスリリース】、「コメの大きさを決める遺伝子を発見！日本のお米の起源に新説！」（論文の代表研究担当者は井澤毅研究員）であり、日経、朝日、産経、東京、二七日には読売にも概要が掲載された次のような論文でした。

「お米の粒の幅の決定に関与する遺伝子の一つであるqSW5遺伝子を発見しました。（中略）さらに、様々な地域で栽培されていた約二〇〇種の古いイネ品種でqSW5の機能の有無等の遺伝子の変化を調査した結果、従来の学説（長江起源説）とは大きく異なり、ジャポニカイネの起源は東南アジアで、そこから中国へ伝わり、そこで温帯ジャポニカイネが生まれたことを示す結果がえられました」

井澤氏の説に従えば、各地の弥生時代の遺跡から発見されている熱帯ジャポニカは、直接、東南アジアから日本にやって来たことになります。

さらに井澤氏の論文を追っていくと「遺伝子の変化から見たイネの起源」（『日本醸造協会誌』112巻1号、二〇一七年一月）に行き当たりました。氏の自信は揺るがず、考古学者に〝いいがかり〟をつけられ、困惑したことも書いてありました。

「古代人による選抜をあまり受けていない古い品種が東南アジアの島々に現存していること

を記載し、古代人による選抜を受けたであろう変異の蓄積が東南アジアの島々から、インドシナ半島を経て、中国、日本の在来種の中で増えていると書いたところ、考古学の知見と矛盾しない複雑なモデルを提案しないのはおかしいとクレームを申し出た学者がいて、対応に苦労したことがある」(20)

「完全に異分野の手法による解析結果に対し、自分たちのモデル（考古学者の見方：引用者注）に合うように訂正を求める感覚を持つ方々とは論理的な議論はできそうもない」(20)

科学は異論や反論を経て深まるのに、いつまでも天動説を墨守しているようでは先がありません。では遺伝子解析によるとイネの起源と流れはどうなるのでしょう。

熱帯ジャポニカ・東南アジアから日本へ！

佐藤洋一郎氏は、東南アジアから東アジアにかけて、現在の熱帯ジャポニカと温帯ジャポニカの分布図を提示しています。（図4-2）

注目すべきは、温帯ジャポニカより古い種である熱帯ジャポニカは、今も東南アジアで濃密に栽培され、シナでは見当たらないことです。では古代はどうであったか。

「長江中・下流域生まれのイネはどんなイネであったのか。私の研究グループでは長江中・

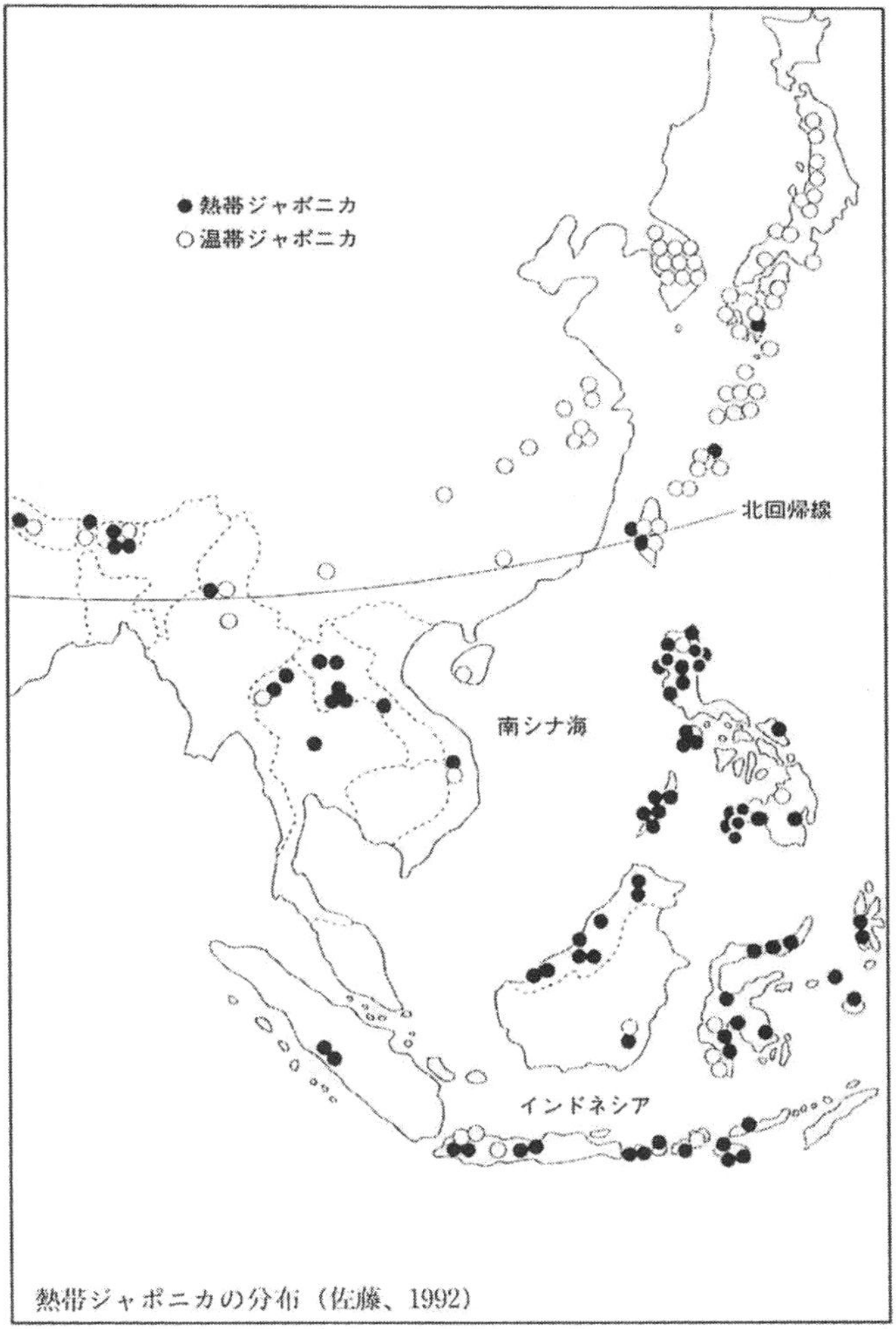

図 4-2　熱帯ジャポニカの分布
（『日本人はるかな旅④』P125 より）

下流域のいくつかの遺跡から出土した炭化米からDNAを取り出してみた。するとおもしろいことに分析した種子のすべて（約二〇粒）がジャポニカに属することがわかった。（中略）DNA分析を進めたところ、この二〇粒ほどのうち二粒（ともに河姆渡《かぼと》遺跡）は熱帯ジャポニカであった。残りは、分析の未熟さのためか温帯ジャポニカとも熱帯ジャポニカとも区別できなかった」（『日本人はるかな旅④』120）

長江中・下流域で明確に熱帯ジャポニカとされたのは10％程、90％は判別不能とのことですが、それは熱帯ジャポニカと温帯ジャポニカの中間種（雑種）が多かったからだ、と推測されます。要は、十分な選別を受けていないイネが殆《ほとん》どだった、ということです。

日本の遺跡からも多くの熱帯ジャポニカが発見されていますが、このイネは長江中・下流域からやって来た可能性は限りなく低くなります。

なぜなら、縄文時代のイネが長江中・下流域からやって来たなら、約10％が熱帯ジャポニカに分類され、ほとんどは判別不能種となるはずです。然るに、日本出土の炭化米を調べると「熱帯ジャポニカ」と「雑種・その他」の比率が約1対2と、熱帯ジャポニカの割合がはるかに大きいからです。（図4‐3）

加えて、日本の炭化米からは高い比率で温帯ジャポニカが検出され、この傾向は菜畑遺跡から青森の高樋Ⅲ遺跡まで、ほとんど変わることがないからです。（図4‐1参照）

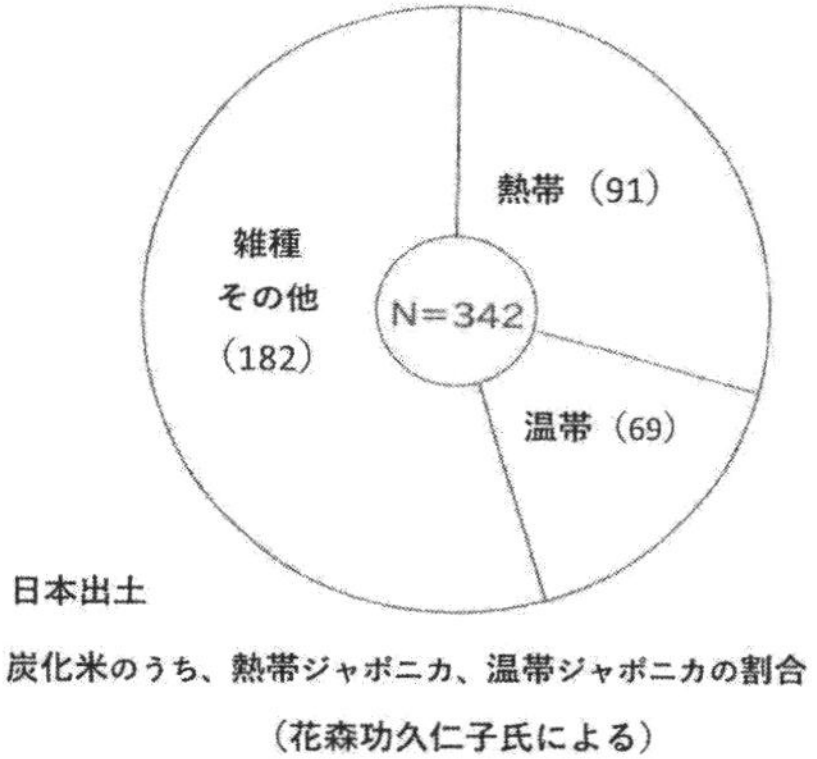

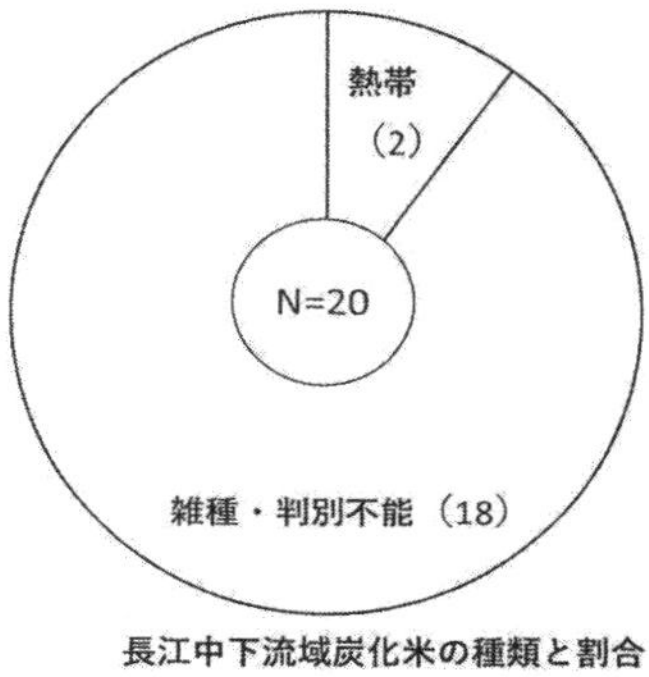

図 4-3　日本と長江中下流域の炭化米
〈熱帯ジャポニカ・温帯ジャポニカ・雑種の割合〉
（右図『稲の日本史』P103 に一部加筆）

無論、シナ人が日本にやって来て、熱帯ジャポニカを伝えた、なる考古学的証拠は一切ないこともシナからのイネの渡来を否定する根拠となっています。残る可能性は、井澤氏の説どおり、東南アジアから直接やって来たとなります。

温帯ジャポニカ誕生のシナリオ

井澤氏の論文によると、大規模なイネの遺伝子調査から次のことが明かされています。

「現存する栽培品種の重要な遺伝子変異の蓄積の様子から、現在、インドネシアやフィリピンで栽培されているイネ在来種に、栽培直後の状態に近いと考えられる、あまり、古代人による選抜を強く受けていない品種がまだ多く存在し、その後、インドシナ半島の在来種、中国の在来種、日本の在来種へと、古代人が選抜した遺伝子の変異が蓄積している様子を明らかにした。

この事実は、イネの栽培化当時の地域的な起源を明らかにしたわけではないが、それでも、イネの起源を知るための貴重な知見を提供できたと自負している」（「遺伝子の変化から見たイネの起源」17）

この論文には以下のことも書いてありました。

①イネの野生種は全て赤米である。それが栽培の過程で人々は突然変異の白米を選択していったことはインディカ米、ジャポニカ米に共通している。

②世界のコメの九〇～九五はインディカ米であるが、ゲノムが多様であり野生種との区別が非常に難しい。それは各地で野生種から様々な栽培化がなされてきたことを意味する。

③熱帯ジャポニカは、温帯ジャポニカよりDNA配列が多様である。

④このことから熱帯ジャポニカの一部が、強い人的選抜を受けて（いわゆる品種改良）現在の温帯ジャポニカが生まれた。

人々が東南アジアから島伝いに日本へとやってきた時、熱帯ジャポニカを持って来た、ということです。傍証もあります。

「この稲籾を舟に積み込むという発想は、ごく最近まで東シナ海一帯に残っていた風習であった。サバニという小舟を操って海に出る沖縄の漁師が、遠くまで行くときには、稲籾を袋に詰め舟に乗せて出航したという記録がある」（『日本人はるかな旅④』73）

つまり、南からやって来た人たちも舟にイネ籾を積み込み、日本にやって来た蓋然性が高いのです。そのイネが長い間に日本各地に広がっていったからこそ、熱帯ジャポニカが日本各地の弥生時代の遺跡から発見されてきたと考えられます。

一万年以前・シナのイネは日本経由で伝えられた！

では、誰がシナにイネを伝えたのか。シナに於ける最初の稲作の起源が一万年を上回るなら、そのイネは熱帯ジャポニカであり、東南アジアから日本を経由してシナに伝えられた可能性が高くなります。それには次なる理由があるからです。

①　Y染色体から推定されたヒトの流れ（図1 - 10参照）
②　系統樹からみた民族の誕生年代（図1 - 5参照）

一万年以前の稲作を考えるなら、その時代のシナに誰が住んでいたかを考える必要があります。漢族（M122）は、Y染色体系統樹の終末、約一万年前に誕生したのですから、それ以前は大陸に存在せず、存在しない民族に稲作ができるはずがありません。

では一万年以前のシナに誰が住んでいたのか。

それは漢族（O2系統）よりはるかに古く誕生し、約四万年前に日本にやって来た人たち（D、C系統）の子孫となります。彼らは日本で人口を増やし、チベット族やモンゴル族の祖先となった系統と沖縄、日本、アイヌの祖先となった系統に分かれ、チベット族やモンゴル族の祖先となった系統は、人口圧によって日本から大陸へと移動して行った、と考えられるのです。

その彼らが、日本に来るときに舟に籾を積んでやって来たように、半島や大陸に移動するとき、やはりイネ籾を持って移動して行ったことが容易に想像できます。（図4－4）

一万年以降になると、日本経由で伝えられたイネに加え、南から漢族（O2）やオーストロネシア語族（O1）の人々も熱帯ジャポニカを持ってシナへ移り住んで行ったのです。

それらが河姆渡遺跡などのイネの大元になったと考えられるのですが、その後も各地から多品種のイネが流入してきたため、十分な選別が出来ず、長江中・下流域のイネは〝判別不能〟種が多かったと思われます。

シナの「イネの起源」をどう評価するか

本土日本ではイネの野生種は存在しないため、プラントオパールの検出はイネ栽培の証明になるのですがシナでは事情が異なります。

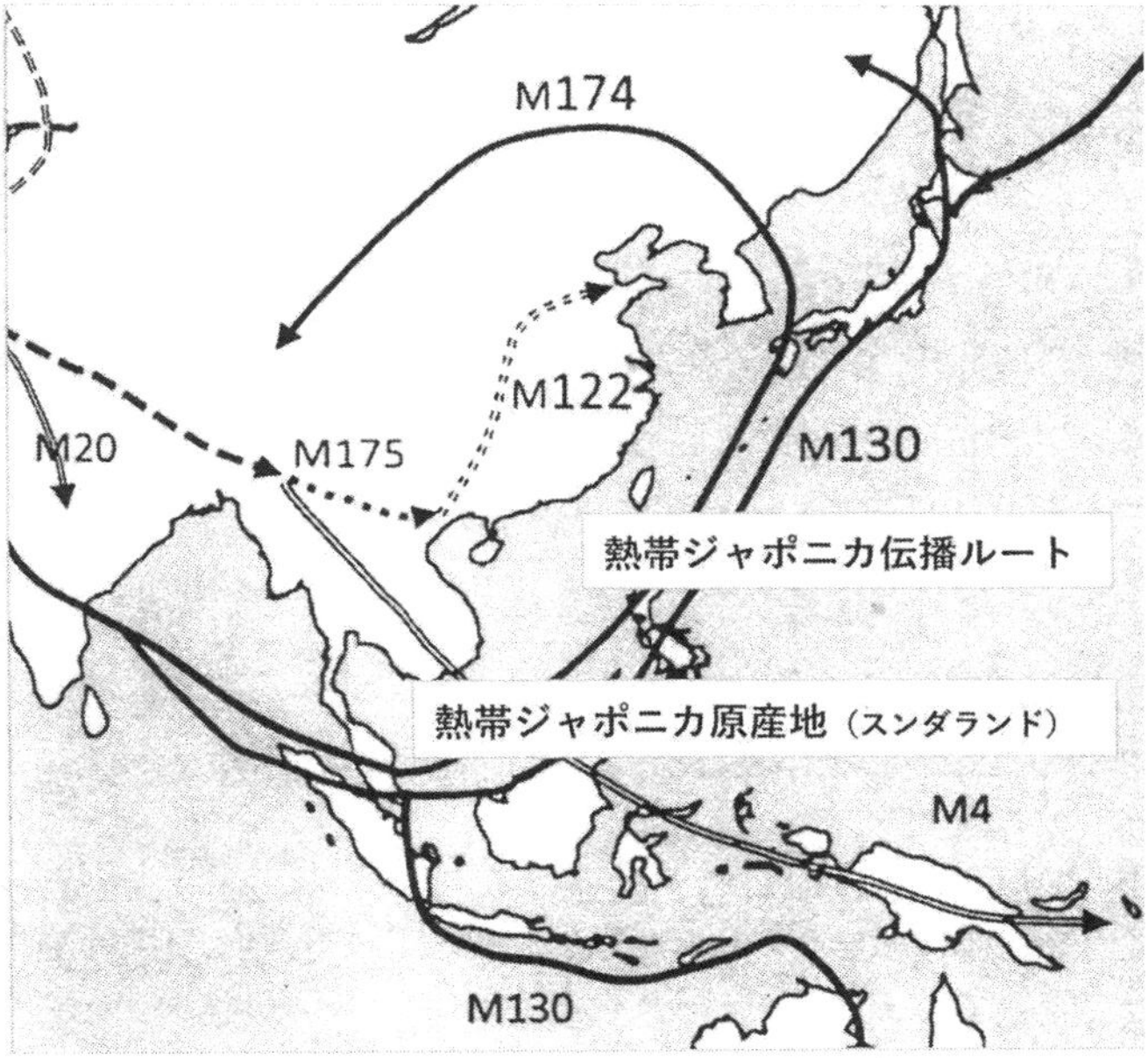

図4-4　新人の移動ルートとイネ（熱帯ジャポニカ）の道
（M122：約１万年前に出現
M174：約４万年前に日本に到達
M130：　　　同上）

二〇一二年、中国と遺伝研・倉田のり教授との共同研究により、シナ南方の真珠江付近にはジャポニカに近いゲノムを持つ野生のイネが広範囲に自生していることが分かりました。つまりシナで発見されるプラントオパールは野生種の可能性があり、稲作の証明にはなりません。ではシナのイネはいつ頃から作られていたのか。

「地図には年代が一応はっきりしたものだけを書き込んであるが、これによると最古の稲作遺跡は浙江省・河姆渡《かぼと》遺跡と羅家角《らかかく》遺跡で、いずれも約七〇〇〇年前のものである。江西省・仙人洞《せんにんどう》遺跡や、湖南省玉蟾岩《ぎょくせんがん》遺跡や韓国・ソロリ遺跡には一万年をはるかに超える記録があるが、それらはいずれも地層の年代を測定したものであって出土した種子（ソロリ遺跡）やプラントオパール（仙人洞遺跡）の年代が測定されたわけではない」（『稲の日本史』73）

シナに於ける灌漑水田稲作は「炭化米の種類と灌漑水田址」のセットを発見する他なく、最古と云われた河姆渡などもこの条件を満たしていません。

調べると、安田喜憲氏（国際日本文化研究センター教授）は「長江流域における世界最古の稲作農業」なる一文を載せていました。

「筆者らは何度も、この稲籾そのもののAMS（加速器炭素14年代測定法）による年代測定をお願いしたが、現時点ではいまだ実現できていない。したがって現時点では、絶対的に信頼できるものではないが、最古の稲作は一万四〇〇〇年前までにさかのぼる可能性が高いという段階にとどめておくのがよいだろう」

氏のように、聴いた話をオウム返しで語る学者は困りものです。先ず、このイネが野生種か栽培種かを確認し、次に年代を確定させてから判断すべきでしょう。

さらに、一万四〇〇〇年前とはイネ籾が発見された玉蟾岩遺跡の年代であり、ここに住んでいたのは今の中国人（漢族）の祖先ではなく、日本からやって来たDやC系統の人々となります。

そして今から七〇〇〇年前の「河姆渡遺跡を含む長江中・下流域から温帯ジャポニカが検出されなかった」ということは、「この地の水田稲作とは、水たまりや湿地での原初的天水田での稲作に過ぎなかった」ことを物語っています。

では温帯ジャポニカをもちいた最先端の水田稲作はどこで行われていたのか。

縄文人が始めた灌漑水田・菜畑遺跡

一九七八年、福岡県の板付遺跡に於いて、縄文時代晩期の夜臼《ゆうす》式土器が出土する地層から水田遺構が発見されました。この事実は、「縄文時代に水田稲作が行われていた」であり、発見者も「何かの間違いではないか」と自信がなかったと云います。

処が一九八〇年から翌年にかけ、菜畑遺跡（佐賀県唐津市）からさらに古い縄文土器（山の寺式）と共に畦畔《けいはん》と灌漑施設を伴う水田遺構が発掘されたのです。（写真４‐１）

この事実に接した浦林竜太氏は『日本人はるかな旅④』で次のように記しています。

「ふつう遺跡の発見というものは、せいぜいその地区内のニュースに止まるのだが、菜畑遺跡は違っていた。いっせいに全国､更には世界にも発信される大ニュースとなったのである。その理由は〝日本最古の水田跡〟にあった。年代は二六〇〇年前、縄文晩期にまで遡る。従来、日本列島の水田稲作は弥生時代（二三〇〇から一八〇〇年前）頃に、朝鮮半島方面からやって来た渡来民によって始まるというのが定説であったが、菜畑遺跡の発見はその常識を覆すことになった。時代はさらに三〇〇年遡り、水田を作った主体も日本列島在来の縄文人であることがわかったのである」(96)

年代は推定値なのですが、氏は縄文人が水田稲作を行っていた根拠も記していました。

「なぜ縄文人だと考えられるのか。それは発掘された生活道具が、すべて縄文文化に由来するものだったからである。皿や浅鉢、甕、壺といった土器の類は、みな典型的な縄文土器であった。土器文化の異なる渡来人が、わざわざ土着の縄文土器を作るとは考えにくい。こうして日本最初の水田が、縄文人によって開かれたことが判明したのである」(96)

「最古の水田は、一区画が４×７ｍと小ぶりで、土盛りの畦畔と矢板でしっかり護岸された水路を伴っていた。移設復元された水田を見ると、全体に規模は小さいものの、その土木技術は高く、現在の水田と比べてもそれほど見劣りするものではない。縄文時代の遺跡で、ほ

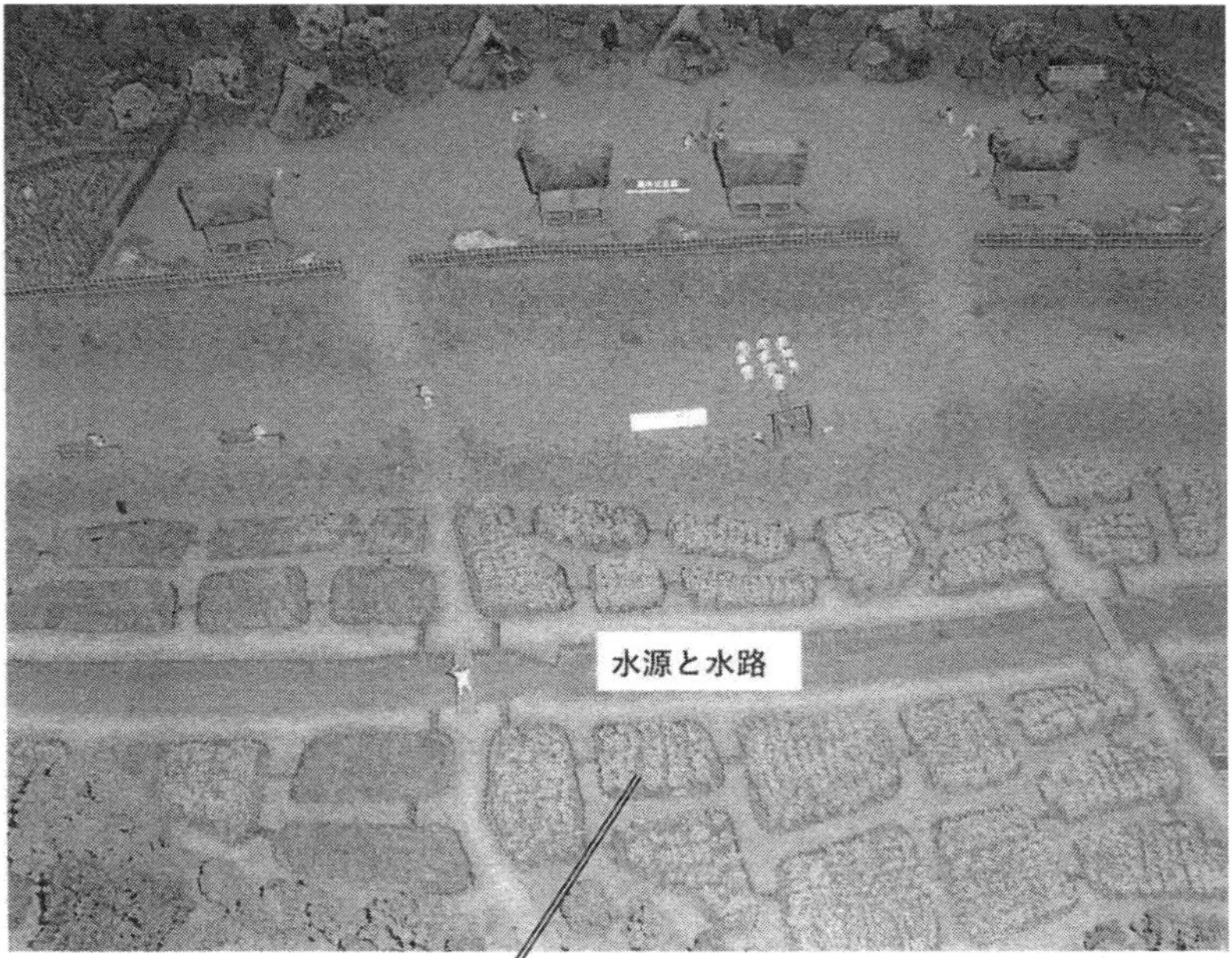

写真 4-1
菜畑遺跡のジオラマと
縄文時代の復元水田
（唐津市末盧館より）

とんど見つかっていなかった農耕具も、ここでは大量に発見された」(96)

一九八〇年には、縄文時代の人々が水田稲作を行い、農耕具も作っていたことが分かっていたのに、佐々木毅氏らは今日に至るまであのような歴史教科書を書き続けてきたのです。これが、私が「呆れた」理由です。ネットではより詳しく紹介していました。

「発掘調査の結果、縄文時代前期から弥生時代中期にかけての遺跡であることが確認された。なかでも縄文時代晩期後半の水田跡の発掘(地表面から約4m下)と付随して出土した数々の農器具は、わが国の稲作の起源が縄文時代晩期後半まで遡ることを明らかにした。

福岡の板付遺跡の発見では半信半疑だった者も、ここに至っては〝縄文時代の水田〟を認めざるを得なくなった。稲作は弥生時代に開始されたのではなく、縄文時代の末期に既に定着していたのである。

遺跡からは多数の炭化米や石斧、石包丁、石鏃などの石器を始め、クワ、エブリ(柄振り)その他の農具と共に20から30もの水田跡も発見されている。

またイネのみならず、アワ、ソバ、大豆、麦などの穀物類に加えて、メロン、ゴボウ、栗、桃などの果実・根菜類も栽培していたことが判明した。中でもメロンが縄文後期に栽培されていたことは大きな驚きだった。

更に平成元年の発掘で、儀式に用いたと思われる形のままの数頭のブタの骨が出土し、ブタが家畜化されていたことを裏付けた。これらの事実から、菜畑遺跡はわが国農業の原点であったことが証明されたのである。ここには菜畑遺跡出土の炭化米を始め石包丁、クワ、カマなどの農具、甕、壺、スプーン、フォークなどの食器類等々、多くの遺物が展示されている」

私は三回程訪れたのですが、水田稲作のための土木技術、様々な農具製作、栽培植物の多様化など、全ては縄文人によってなされたのであり、渡来人の影は皆無だったのです。

「朝寝鼻貝塚」が証明した縄文稲作

話の前に、イネのプラントオパールについて簡単に説明しておきます。

イネが水を吸い上げるとき、水に含まれるケイ酸＝ガラス成分がイネの葉脈に蓄積されイチョウ葉のような形状の〝機動細胞〟を形成します。この名は、水が不足するとイネの葉がしおれ、水を供給するとピンと立つ、その動きを司ることから命名されています。大きさは四〇～五〇ミクロンであり、プラントオパールと呼ばれている通り、ガラス質で覆《おお》われているため、何千年過ぎても残留すると同時に焚火《たきび》程度の温度では形状に影響を与えません。

日本では、沖縄の一部を除き、イネは自生できません。このことからイネのプラントオパールの発見は、稲作の証拠となります。このリーダー的存在が高橋護氏であり、浦林氏は次のように記していました。

「高橋氏が初対面の私に話してくれた一言が忘れられない。〈これだけの土器文化を持ち、大集落を築き上げた人々が農耕技術を持たなかった例が世界の他の地域にありますか〉。青森県の三内丸山遺跡を始め、ここ数年来次々と明らかになりつつある縄文人の文化の高さから見て、稲作などの農耕も縄文時代から絶対に行われていたはずである、と高橋氏は確信していたのである」（『日本人はるかな旅④』36）

そして最初の検出を次のように記していました。

「追跡を始めて間もなく、縄文時代中期前半期の船本式土器と呼ばれている土器の胎土からイネの機動細胞や籾殻の破片が検出された。最初に検出された遺跡は、岡山県美甘《みかも》村の姫笹原遺跡と呼ばれる中国山地の脊梁《せきりょう》山地に近い標高が五〇〇メートルを超える山間にある小さな遺跡であった。今日の稲作の常識では想像もできない山間の遺跡であるが、この遺跡から発掘された複数の土器片から多数のイネのプラントオパールが検出されたのである」（139）

〝胎土《たいど》〟とは、「その土器本体を形づくる土（粘土）」のことです。これは決定的な証拠と云えます。その後、高橋氏は近隣の遺跡調査に移ったといいます。

「沖積平野の周辺に位置した倉敷市の矢部貝塚と（中略）福田貝塚を選んで、いずれも同一時期の土器から検出を試みた。その結果、どちらの遺跡の土器からもイネのプラントオパールが検出された。

このことは、遺跡の立地条件の違いを超えてイネの栽培が行われ、約四五〇〇年前の縄文時代中期にはこの地域で稲作が普及していたことを示すものであった」(140)

一九九九年四月二二日、「岡山・朝寝鼻貝塚、国内最古六〇〇〇年前に稲作」なる記事が載りました。その後、三〇ヶ所を上回る縄文遺跡からプラントオパールが発見され、稲作を含む「縄文農耕論」は確実な情勢となりました。では、「縄文のイネ」はどのように栽培されてきたのか。高橋護氏は次のように記していました。

「現在の日本の稲作では、水田で栽培される水稲と常畑《じょうばた》で栽培される陸稲が知られている。姫笹原遺跡の置かれている環境からみると、この遺跡のイネは、水稲や陸稲ではなく、焼畑型に近いものと推定される。四国・九州などの焼畑地帯では、野稲と呼ばれる山地の焼畑で

栽培されてきたイネが伝えられているが、縄文時代の稲作はそのような形態の稲作であったと考えてよいだろう」(139)

わが国では、昔から、水田に加え焼畑や畑でイネが作られていましたが、その根は深く縄文時代にまで達していたのです。

朝鮮や山東半島より千年以上早かった日本の稲作

では半島でのコメは何時ころ検出されたのでしょうか。かつて甲元眞之氏は次のように記していました。

「朝鮮半島では縄文時代前期末葉にあたる紀元前四千年紀後半にはすでにアワやキビの栽培が行われていたし、紀元前一〇〇〇年頃には畑作作物に混じってイネが登場する。(中略)これらは畑作栽培によるものである可能性が高い」(174)

「山東半島では紀元前三千年紀後半にイネが検出されているが、これらは畑作物と共通していた、多くは畑作栽培が想定できる立地条件の遺跡からの出土物である」(174)

これらの地域と朝寝鼻貝塚での稲作年代を比べると、日本の方が山東や朝鮮より千年以上早くからイネを作っていたことになります。するとこのイネは日本から彼の地に伝えられた可能性はあっても、逆はあり得ない、となります。高橋護氏は次のように記していました。

「弥生文化の稲作を立証する重要な発掘となった奈良県の唐古《からこ》遺跡で発掘された大量の炭化米は、長護頴種《ちょうごえいしゅ》と呼ばれる焼畑で栽培された特殊なイネであり、この品種の分布状況から推定すると、その種籾が日本列島に到来したのは、たぶん縄文時代のなかでもかなり古い時代であったろう」(151)

これはラオスを中心とする「焼畑稲作のレポート」（『稲の日本史』35）と通底するものがあります。しかし日本の稲作年代はさらに遡ります。

日本の稲作は河姆渡以前に遡る！

その後、島根県の板屋Ⅲ遺跡の縄文早期から前期の遺物を出土する地層からもイネのプラントオパールが検出されました。

ここでのプラントオパールは、アカホヤ火山の大爆発（約七三〇〇年前）の降下火山灰の上下面から検出されたことから、その頃、この地で稲作が行われていたことが分かります。年代は河姆渡遺跡と同年代ですが、さらに下の縄文時代草創期の地層からもキビのプラントオパールが検出され、次いで驚くべき発見があったと高橋護氏はいいます。

「このことに感激してプラントオパールの検出を続けていると、この地層からイネの機動細胞プラントオパールが検出されたのである。この地層でイネが存在していることは、あまりに早すぎると考えられたので、その後もサンプリングを重ねて追跡したのであるが、場所を変えた多数の土壌サンプルからでも、イネのプラントオパールが検出されるに至った。

板屋Ⅲ遺跡は三瓶《さんぺい》火山の噴出による火山灰で縄文時代の遺構が覆われていて、後世のプラントオパールが混入する可能性のほとんど考えられない遺跡である。この遺跡の状況からは、ヤンガドリアース期以前にイネの存在していたことは疑えないだろう」(147)

（注）ヤンガードリアス期：一万二〇〇〇年から一万一〇〇〇年前の相対的な寒冷期。

さらに、板屋Ⅲ遺跡の第四黒土層（縄文時代草創期）の地層からも、キビ、イネ、ヒョウタンのプラントオパールが検出されたのです。（写真4-2）

二〇〇三年の熊本大学リポジトリ「九州先史時代遺跡出土種子の年代的検討」（甲元眞之：他）に於いて、「プラントオパールそれ自体で年代が測定されない限り、決して万全な資料とはなしえない」としながらも次のように記していました。

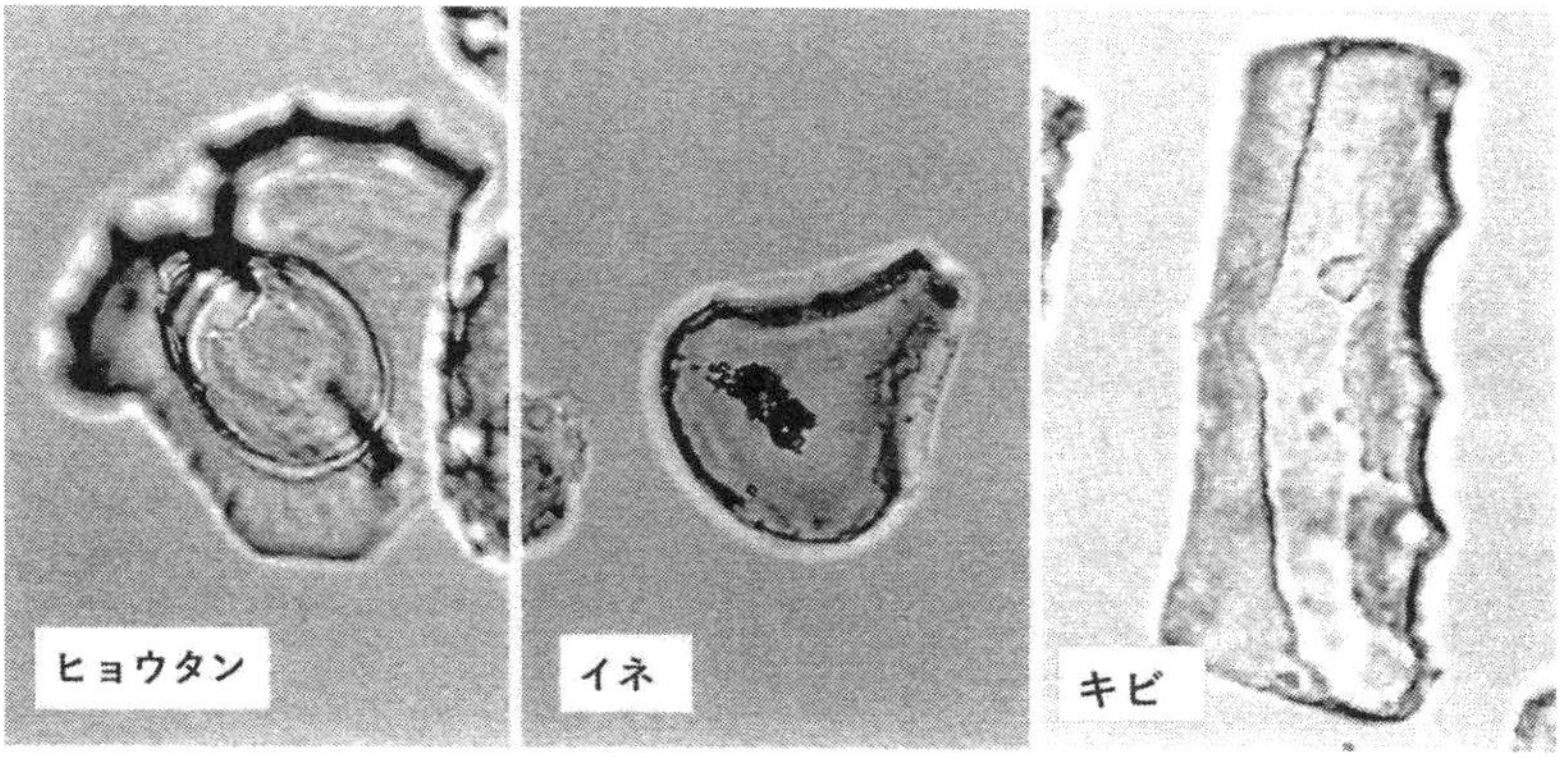

写真 4-2　板屋Ⅲ遺跡　第四黒土層（縄文時代草創期）のプラントオパール
（『日本人はるかな旅④』P149 より改変）

「さらに今日では、鹿児島県の遺跡で一万二〇〇〇年前の薩摩火山灰の下層からイネのプラントオパールが検出されたことから、稲作起源地と想定されている中国長江流域よりも古い年代が与えられる結果となっている」(172)

約一万三〇〇〇年前（炭素14年代で一万一五〇〇年前）、桜島が大噴火を起こし、約一〇〇km四方が厚い火山灰（テフラ）に覆われたのですが、実は、この薩摩火山灰の下からもイネやキビのプラントオパールが検出されたのです。

イネは南方から伝わったのですから、島根県の板屋Ⅲ遺跡より南にある鹿児島県でこのような発見がなされたとして、何の不思議もありません。

日本のイネは、ヒトが運んで育てなければ雑草に負けて絶えてしまう。自生できないと云うことは、約四万年前から、舟にイネ籾を載せて日本へやってきた人々が、この頃、イネを栽培していたということです。Ｙ染色体から人の移動が明らかになった今日、それは蓋然性の高い帰結なのです。

なぜ熱帯・温帯ジャポニカを作り続けたか

縄文～弥生時代の稲作について佐藤洋一郎氏は次のように記していました。

「弥生時代に一気におしかけてきたと考えられてきた水稲と水田稲作。だが、栽培されたイネの面からみても、土地利用の面からみても、〈弥生時代に固有のイネと稲作〉、つまり〈弥生の要素〉の影はうすれる一方である。

むしろ、焼畑的な栽培の様式と熱帯ジャポニカに特徴づけられる〈縄文の要素〉の影を色濃く残したまま、日本列島は弥生時代に入ったとみるべきである。つまり、イネと稲作に、縄文時代と弥生時代の間で大きな断絶はみられないのである」（『稲の日本史』159）

弥生時代になっても、各地で温帯ジャポニカと熱帯ジャポニカの両方を栽培していたと云うことは、彼らはイネの特性を良く理解していたのです。

縄文人は、多肥料・多収穫の温帯ジャポニカを育てるため、手間暇かけて灌漑式水田を作り、しかし労働力や肥料が限られていたため、粗放的環境でもある程度の収穫が見込める熱

帯ジャポニカも栽培していた、と云うことです。（図４-５）
それが出来たのも、彼らは長い年月をかけてイネを選別し、温帯ジャポニカを作り上げたからだ、と捉えることで日本の稲作の歴史を統一的に理解できるのです。シナより長い稲作の歴史を持つ日本に於いて、これは当然の帰結と云えましょう。

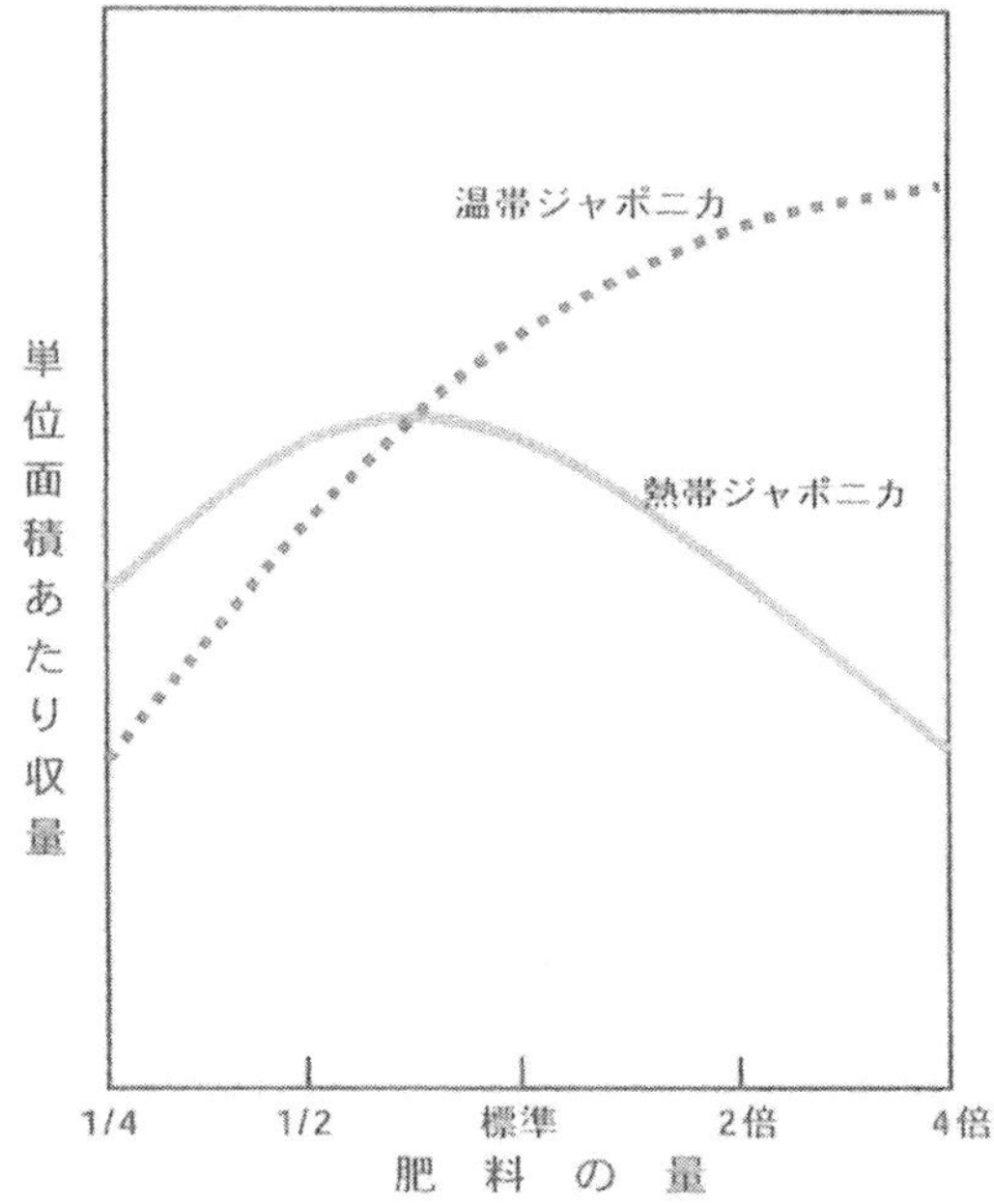

図 4-5　温帯ジャポニカと熱帯ジャポニカ
〈肥料の量と収量の関係〉
（『稲の日本史』角川選書 P148 より）

では、考古学者は日本の稲作をどのように捉えているのか、この角度からも追ってみたいと思います。

菜畑遺跡を巡る理解困難な言動

菜畑遺跡について浦林竜太氏は「年代は二六〇〇年前、縄文晩期にまで遡る」と書いていたのですが、これは土器編年からの推定でした。

（注）土器編年：山内清男《やまのうちすがお》氏により始められ体系化された縄文土器などの作成順序を決定し、土器から過去の年代を推定していく相対的な年代決定法。現在では、ＡＭＳ法との組み合わせで逆にＡＭＳ法の信憑性を高めることにも役立っている。

菜畑遺跡で水田稲作が行われていた実年代は、ここから出土した甕の内底から採取した〝お焦げ〟を用いて測定されています。

「九州北部では遅くとも前九四五〜前九一五年ごろにはじまっていた灌漑式水田稲作が（後略）」（春成秀爾・今村峯尾編『弥生時代の実年代』学生社、二〇〇四年　18）

こうして日本では〝遅くとも〟前一〇世紀後半には灌漑式水田稲作が定着していたことが明らかになったのです。実はこの一文は、この本の執筆者の一人であった藤尾慎一郎氏が担当した部分なのですが、その11年後、氏は次のように記していました。

「朝鮮半島の人びとが海を渡り、水田稲作文化を伝えた」（『弥生時代の歴史』40）

この記述は、先述の佐々木穀氏らによる小学六年生の歴史教科書と同レベルであり、菜畑遺跡から縄文晩期の山の寺式土器が出土したことからみて明らかに誤りです。

令和元(二〇一九)年六月十日、私は氏に問い合わせたことがあります。詳細は割愛しますが、氏は親切にも返事を下さり、その〈5〉で次のようにご教授下さいました。

「5　考古学者は、農具や土器とセットで考えますので、現状では中国からの直接渡来は考えられません。もちろん、コメだけが単独でギフトとしてもたらされることまでは否定できませんが。」

その氏がなぜ『弥生時代の歴史』にあのように書いたのか理解困難です。菜畑遺跡からはシナは勿論、朝鮮系の農具や土器も一切出土していなかったからです。

「水田稲作は始まったが水田址は見つからない」とは？

ではその時代、半島ではどのような稲作が行われていたのか。同書は次のように記していますが、分かりづらいので読み解いていきます。

「朝鮮半島南部で水田稲作が始まるのは前一一世紀ごろである。長江下流域で七〇〇〇年ほど前に始まった水田稲作は、紀元前三〇〇〇年紀の中頃には山東半島に到達していたと考えられているが、まだ中国では畦《あぜ》で明瞭に区画され、灌漑《かんがい》施設を備えた定型化した畦畔《けいはん》をもつ水田址は見つかっていない」（34）

この一文には二つの問題点があります。

先ず、なぜ「前一一世紀ごろ」と曖昧《あいまい》な書き方をしたのか。菜畑遺跡の年代は甕《かめ》の底にこびり付いたお焦げから確定したのです。外に着いた煤《すす》の場合、燃やした木の年代により古く出る傾向にあり、正確を期すため、内部のお焦げを使ったのです。

不思議に思った私は、先述の問いと同時に『弥生時代の歴史』72頁の図（図４‐６）を添付した上で、次のように質問したのです。

「韓半島南部で前11～10世紀に水田稲作が行われていた、とする根拠は何処にあるのでしょうか。菜畑遺跡同様、ＡＭＳ法で確認されたと思われますがデータがあればご教示ください」

私の質問に回答しない人もいるのですが、氏は幾つかの文献を紹介した上で次なる一文で締めくくっていました。

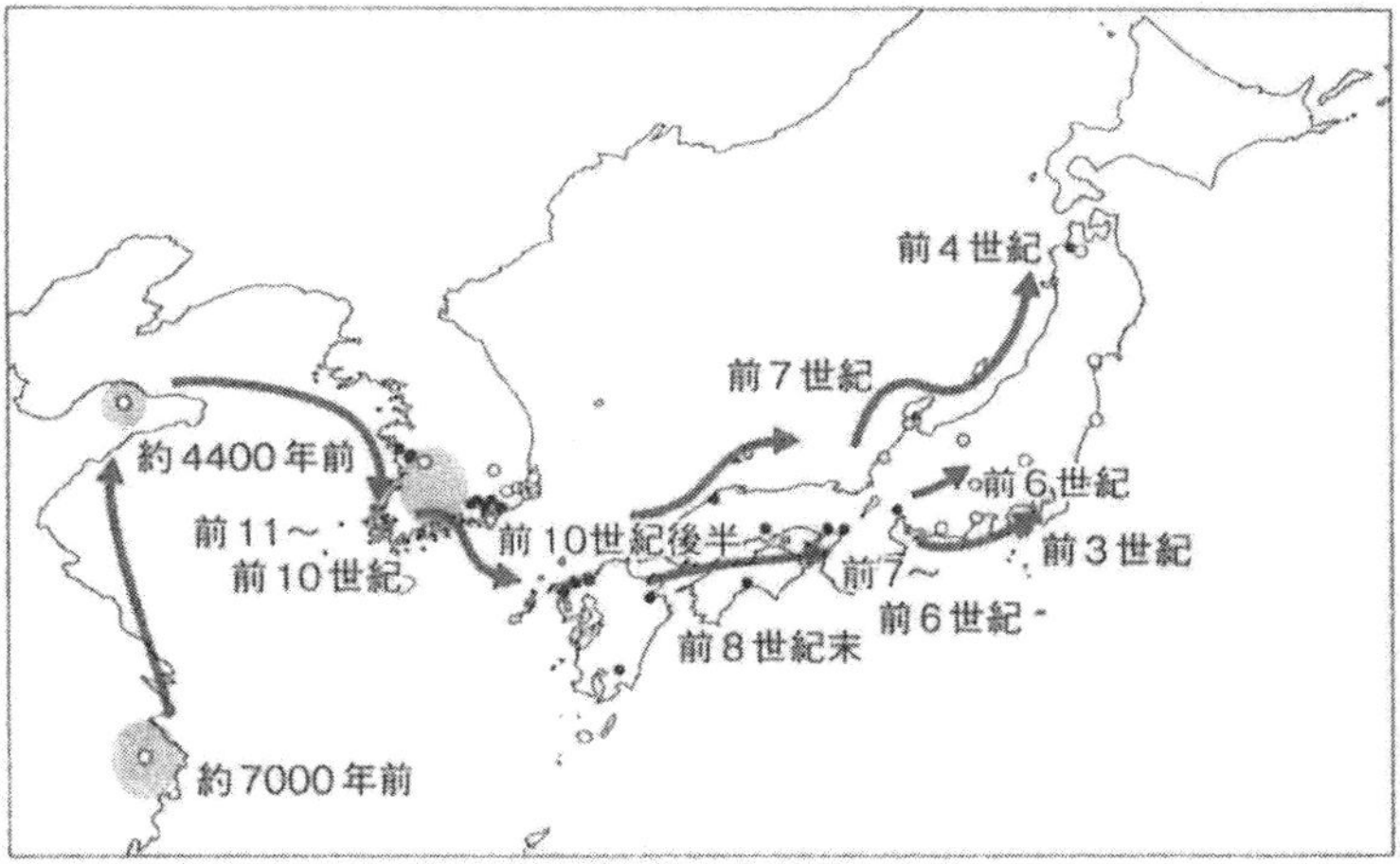

図 4-6　東アジアにおける水田稲作の拡散
（『弥生時代の歴史』P72 より）

「最古の水田の時期が孔列文土器なので、その炭素14年代から推定」

やはりデータはなく、孔列文土器年代を使って推定したに過ぎなかったのです。

この土器の使用年代の開始から終末までを炭素14年代で明らかにしても、その遺跡年代の特定には至りません。これは土器編年の変種であり、土器編年では年代が確定できないことを証明したのが、氏も名を連ねた『弥生時代の実年代』でした。

処が氏は、韓国の水田稲作の開始年代に対して、AMS法を用いず、土器編年に逆戻りしていたのです。

こんなダブルスタンダードが発覚したら、私が通っていた大学では、卒業論文であっても絶対に通らないでしょう。学問のイロハがなっておらず、指導教官が許しません。

次は〝水田稲作〟の定義が不明な点にあります。

〝水田〟とは「水源を持ち畦畔で区画され、水を引き入れてイネなどを作る耕地」と云うのが一般的な理解であり、私たちは、古代と云えども〝水田址〟とは菜畑遺跡のような水田遺構を想像します。

処が氏は、「中国では、水田稲作は行われていたのに水田址は見つかっていない」と書いています。それは〝天水田〟と推測されるのですが、根拠としては河姆渡遺跡においても畦畔や水路が見つかっておらず、イネも熱帯ジャポニカだったからです。

（注）天水田：河川・ため池などの水源をもたず、湿地や雨水に依存する水田を指す。

天水田であれ灌漑水田であれ水田稲作には違いありません。しかし〝水田址〟というと、畦畔と灌漑施設がないといけない。そこで氏は「まだ中国では……水田址は見つかっていない」と書いたのでしょう。

「水田の址」はあるが「水田址」は見つからないとは？

では半島の水田稲作はいつ頃から行われていたのか。分かりずらい文章が続きます。

「環黄海地域で畦畔を備えた最も古い水田址は、朝鮮半島南部で見つかっているが、最初に畦畔をもつ水田はどこで現れたのか。山東半島なのか、朝鮮半島南部なのかはまだわかっていない」（『弥生時代の歴史』35）

この文章からは「環黄海地域で……最も古い水田址」は「わかっていない」ではなく、「半島南部」で決まりです。なぜなら甲元氏に続き、宮本氏も次のように記していたからです。

「現状では、こうした畦畔水田が龍山文化のどの段階で成立していたかが問題であり、それに対する正確な答えは今の段階では用意できない」（『農耕の起源を探る』吉川弘文館、二〇〇九年169）

「一つにはこの段階で山東においても畦畔水田が成立していたか不明である」（169）

（注）龍山文化：前三〇〇〇年～前二〇〇〇年にかけて黄河流域や山東半島にて生まれた。

氏は、山東半島の畑作地帯で水田稲作址を探したのですが遂に発見できず、ご自分の仮説を立証できませんでした。それが「用意できない」や「不明である」に現れています。ひいき目に見ても地下から天水田址（プラントオパール）を発見したに過ぎなかったのです。

写真 4-3　蔚山市玉峴遺跡で見つかった「水田の址」
（菜畑遺跡の水田跡とは別物に見える）

「さらには伝播先の朝鮮半島においても水田は存在するが自然地形を利用した天水田である点などが、その論拠となっている」(169)

即ち、水田稲作が「山東半島から朝鮮半島へと伝播した」なる仮説が成立するとして、伝播先も畦畔水田ではなく、天水田だったのだから、伝播元の山東も天水田だったのではないか、と云うことです。このことを知ると次の一文が良く分かります。

「蔚山《うるさん》市玉峴遺跡では、一区画が二～三平方メートルの小区画水田が見つかっており（写真2）、九州北部で最も古い水田にともなう木工具や収穫具の原型ともいえるような石器群が出土している」（『弥生時代の歴史』

35）氏が指摘した〈写真2〉とは〈写真4‐3〉です。なぜか氏は「九州北部で最も古い水田」としただけですが、それは菜畑遺跡であり、この写真と菜畑遺跡（写真4‐1）の水田址とを比べれば違いは歴然です。

当に別物、氏も〝小区画水田〟としただけで、「灌漑施設を伴った」とは書けなかったように、玉峴遺跡の水田なるものには水路は見当たらず、水口もなく、矢板で護岸された畦畔も見当たらず、白線で書かれた平坦な区画があるだけです。

これは韓国基準の水田なのでしょうが、日本基準の菜畑遺跡から判断すれば、これは天水田か畑作址以外の何物でもありません。

「水田稲作伝播ルート図」が欠落させたもの

藤尾慎一郎氏は『弥生時代の歴史』に於いて縄文稲作について一切触れていません。これが佐藤洋一郎氏や高橋護氏と大きく違う点です（『日本人はるかな旅④』）。

一例として、二〇〇七年七月三日から九月二日まで歴博で行われた企画展示、「弥生時代は何時から!?」に於いて、氏は「水田稲作の広がり」のルート図を書いていました。

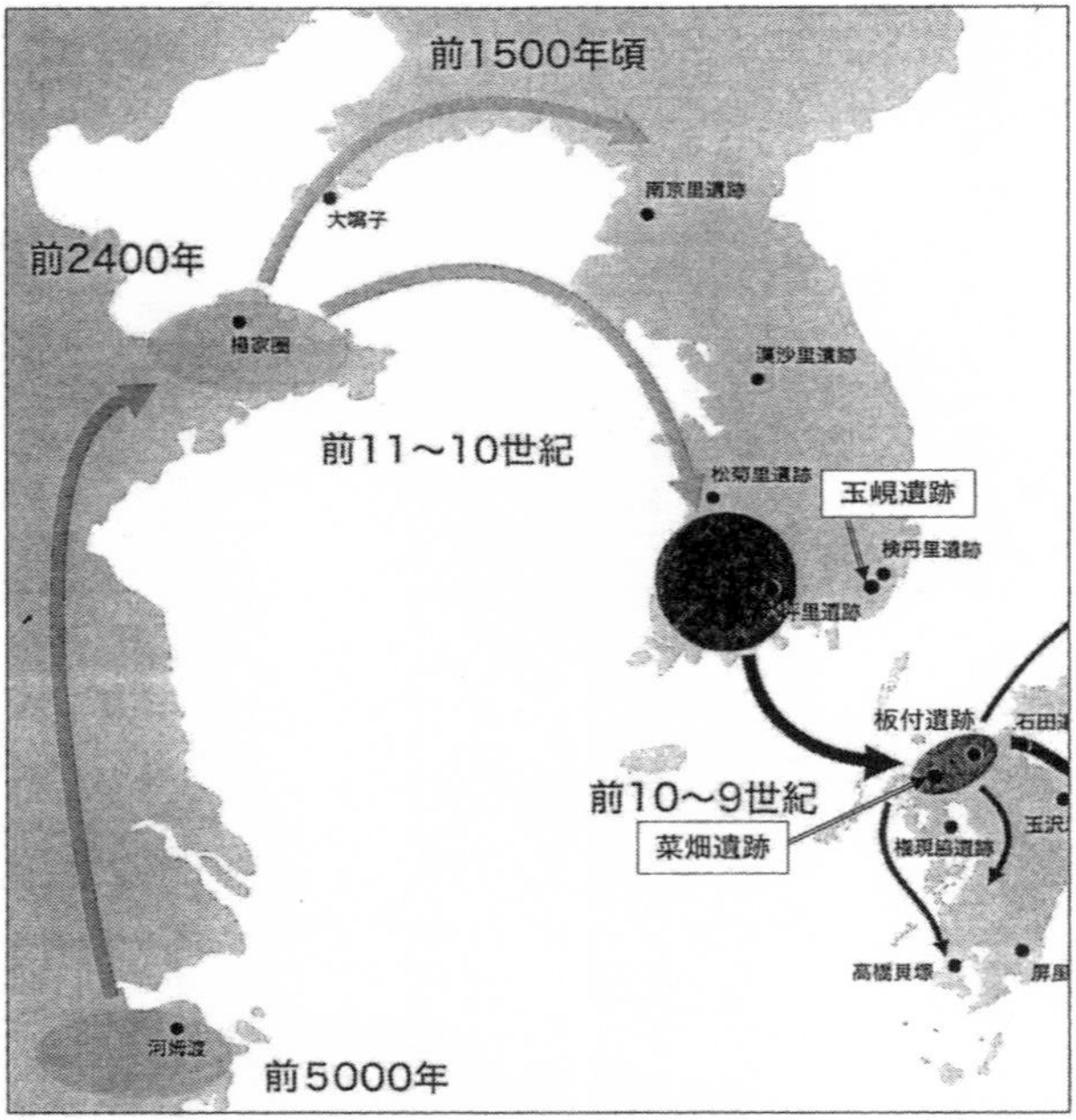

図 4-7　歴博企画展示「弥生時代は何時から !?」（2007 年）
（パンフレットの部分に一部加筆）

かつて筆者らは、このような図の問題点を指摘し、歴博との間で何度か意見交換をしたことがあります。その時点で、歴博は決して持論を曲げなかったのですが、氏の新著『弥生時代の歴史』では山東半島から遼東半島へのルートは消され、水田稲作は山東半島から半島南西部に直接伝播したことになっていました。（図４‐６参照）

一部であっても修正して下さったのは喜ばしいのですが、なぜか両図とも半島最古の小区画水田が発見された玉峴遺跡が見当たりません。そこで水田稲作の伝播ルート図に落とし込んでみると、何とその位置は、氏が山東半島から水田稲作が伝わった、とする半島南西部とは反対の半島南東部にあったのです（図４‐７）。

この図と考古学的事実が一致していないのはなぜなのか？

他にも疑問点があります。この図には、菜畑遺跡ではなく板付遺跡が載っているのです。

その理由を敢えて推測すれば次のようになるのですが、他に思い当たりません。

「菜畑遺跡ではどう考えても縄文人が水田稲作を行っていたので、これを載せると〈朝鮮半島の人びとが海を渡り水田稲作文化を伝えた〉との不整合が露見してしまう」

板付遺跡から菜畑遺跡より古い水田稲作遺構と朝鮮系の農具や土器が発見されたのなら、この一文は撤回しますが、そうでないなら板付遺跡は、「不都合な真実」＝菜畑遺跡を隠すカモフラージュだったと思わざるを得ないのです。

菜畑遺跡の年代は「前15世紀～前12世紀」に遡る！

今までの検討を踏まえれば、河姆渡↓山東半島↓半島南西部への流れは〝水田稲作〟ではなく〝天水田稲作〟のルートであり、イネは熱帯ジャポニカとなります。すると、菜畑遺跡の水田で栽培されていたイネは温帯ジャポニカですから、このイネが山東↓朝鮮半島経由でやって来ようがなく、「水田稲作が半島から伝えられた」なる説は崩壊します。

それどころか、「半島から日本へ」の矢印を逆転させる新たな事実が明らかになっていたのです。それが、二〇〇五年八月十日の総研大文化科学研究の論文『弥生時代の開始年代』（藤尾慎一郎・今村峯尾・西本豊弘）にある次なる一文です。

「今村は別に縄文晩期後半の資料として山の寺式の再検討もおこなっている。菜畑遺跡から出土した山の寺式の較正年代を見ると、D-Ⅱ-1、10は前一四二〇～一一〇〇（93％）……という値を出している。この値は今回私たちが発表した年代を含み、さらにそれより古い部分に及んでいる」（81）

ここにある山村氏の論文が、『縄文～弥生時代移行期の年代を考える ― 問題と展望』（今村峰雄、第四紀研究、二〇〇一年）であり、AMS法を用いた土器編年なら、「菜畑遺跡年代は、前15世紀から12世紀に遡る」ことになります。

すると、同じ〃土器編年〃で語るなら、藤尾氏が、半島から日本への水田稲作伝播年代を11～10世紀（図4-6）としていた年代より数世紀も前から、菜畑遺跡で水田稲作が行われていたことになります。

この事実は、かつて筆者らが主張していたように、水田稲作は、オカボ同様、日本から半島に伝わったことを支持しています。水田稲作の矢印は、日本から半島へとなり、玉峴遺跡が日本に最も近いところにある理由も分かります。話は「逆さ《さか》」になり、世の定説の崩壊を意味します。

それにしても、なぜここまでして「朝鮮半島の人びとが海を渡り、水田稲作文化を伝えた」に拘《こだわ》るのか。「日本から半島へ水田稲作が伝えられた」と書いて何か不都合な点があるのでしょうか。まことに理解困難な話でありました。

孔列文土器や突帯文土器は倭人の土器である

では、半島では誰が水田稲作を行っていたのでしょう。前11世紀、玉峴遺跡のある蔚山地域を含む半島南部一帯は倭人の住む地域でした（図3－3、3－4、3－5参照）。

「したがって中国地方の突帯文土器と韓国南部の突帯文土器との関係は、ほぼ同時か日本の方が古くなってしまう」（『弥生時代の開始年代』91）

この地から出土する孔列文土器や突帯文土器も倭人が作った土器であり、日本出土の土器の方が古くても何の不思議もないのです。突帯文土器と夜臼《ゆうす》式土器や山の寺式土器の形式が似ている、即ち、同系統の土器であるのも当然なのです。また以下のようにも記しています。

「韓国南部の突帯文土器は畠作農耕文化だし、渼沙里の突帯文土器も畠作が想定されている。

孔列文土器に突帯文土器がわずかにともなう蔚山市玉峴遺跡で灌漑式水田が出現している可能性はあるものの、基本的には畠作の土器は突帯文土器なので、韓国から水田稲作文化とともに突帯文土器がもたらされたという李や安の説に同意することは難しい」(91)

日韓を問わず、考古学者というのは、その頃、この地に誰が住んでいたのかをあまり意識していないように見えます。その結果生ずる、ここにある「韓国から……」という言い様は不適当です。書くなら「倭人の住む半島南部から……」とすべきです。そうすれば韓国人学者もご自分の主張のおかしさを理解できると思われます。

この時代、〝韓国〟なる国は存在せず、この地に住んでいたのは縄文人の子孫、倭人です。考古学者も歴史を学び、感情を交えず、事実に即して論文を書くべきではないでしょうか。

縄文時代の人々が完成させた水田稲作技法

温帯ジャポニカは長年にわたる選別を経て誕生した品種です。古代人は突然変異や自然交配によって誕生するイネを見て、以下のような選別=品種改良を繰り返したと考えられます。

① イネ籾を見定め、例えば茶や黒いコメの中から白いコメができればその籾を選んで植え、増やすことで白米が生まれる。白米を好む人が多いのでやがてそれが主流となる。

②その中から、粘り気の多いコメができれば、白くて粘り気のある種を集め、栽培し、増やしていく。

③その中から太くて収量のあるコメが誕生すれば、そのイネを選んで栽培する。

④丈が短く、一本のイネが分けつして多数のイネになる種類を選んで栽培する。台風等で倒れにくくなり、収量も上がり、扱いも容易になるからだ。（図４‐８）

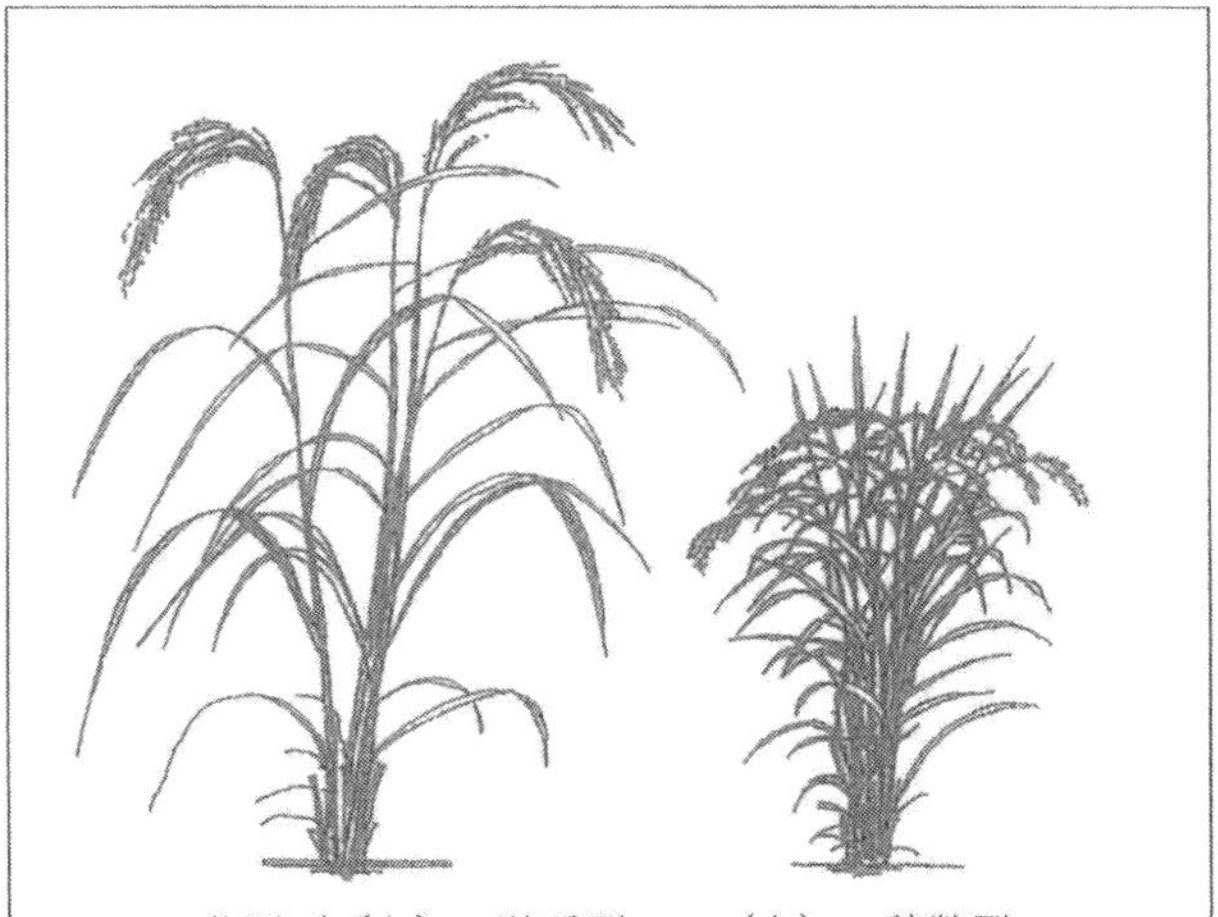

図 4-8　熱帯ジャポニカ（左）と温帯ジャポニカ（右）
（『稲の日本史』P172 より）

菜畑遺跡で灌漑水田稲作が行われていたということは、その頃の日本には温帯ジャポニカ種があったことを意味します。藤尾氏の云う通り（P151参照）、このイネをシナ人が伝えた可能性はありません。彼らの痕跡が皆無だからです。

　では半島からやって来たか、というと、前一五世紀～前一二世紀の半島には菜畑遺跡のような水田はありません。この時代の半島は畠作か天水田のレベルであり、温帯ジャポニカは誕生していません。

考古学者の推定年代から判断すると、日本の方が半島より早くから熱帯ジャポニカや温帯ジャポニカを栽培しており、両者は交流していたのですから、日本から「半島南部の倭人社会に稲作は伝えられた」とならざるを得ないのです。すると答えは明らかです。

それは分子人類学やイネの専門家から導かれる結論と同じであり、日本の灌漑水田稲作とは、約一万二〇〇〇前に東南アジアからやって来た人々が持ち込んだ熱帯ジャポニカを、日本に住み続けたご先祖様が大切に育て、九〇〇〇年に及ぶ選別の結果、完成させたイネの品種と栽培方法だった、となります。

先に述べた通り、この技術は、半島の〝倭人社会〟へ伝わったのですが、その根拠を提示しましょう。

倭人が栽培していた半島のイネ

『日本書紀』には高天原で水田稲作が行われていたことが書いてあります。これは神話の時代から日本民族は水田稲作を行っていたことを意味します。

半島人の建国神話、「檀君神話」にはイネは登場しませんが、『三国史記1』新羅本記（井上秀雄訳注、平凡社）には穀物のことが書いてあります。カッコ内は西暦を表します。

「（八四）夏五月、（前略）南新県（不明）でも茎のつながった麦を献上した」（21）
「（一一四）春三月、雹《ひょう》が降って、麦の苗が傷ついた」（25）
「（一四五）（前略）南部の住民が飢えたので、粟《ぞく》を送って施しを与えた」（29）
「（一八六）（前略）秋七月、南新県がめでたい穀物を献上した」（42）
「（二二二）夏四月、雹が豆類や麦を傷つけた」（47）

新羅の首都、慶州から数十キロ南の蔚山市玉峴遺跡では、前一一世紀から水田稲作が行われていたはずなのに、その一四〇〇年後の三世紀になってもコメが見当たりません。

私は〝茎のつながった麦〟や〝めでたい穀物〟がイネやコメと推測していますが、それを送られて大喜びしていた様子が窺えます。そうなら自国で作れば良いのに、北方の文化を継承してきた彼らはコメが作れなかったということでしょう。

また新羅の隣に「倭人の国」があったことが次の一文から分かります。これは南の隣国、任那（加羅・伽耶）を指しています。

「（一九三）六月、倭人が大飢饉にみまわれ、食料を求めて［新羅に］千余人も来た」（43）

では、藤尾氏が「紀元前一一世紀に山東半島から水田稲作が伝播した」としている黄海西部から半島南西部地帯を支配した百済はどうだったのか。井上秀雄訳注『三国史記2』（平凡社）を読むと、不思議な一文に行き当たります。

「（三三）二月、国の南部の州郡に初めて稲田を作らせた」（284）

この一文に対し、氏は次なる注を付けています。

「稲田　朝鮮で田というのは日本の畑の意味で、「畓」というのが日本の田の意味である。本書では「畓」という朝鮮での造字を用いないで、稲田としている。朝鮮での稲作の普及は、朝鮮王朝中期以降のことである」（297）

技術や文化が進んでいたという百済では、西暦三三年になって初めて水田稲作を試みたようです。しかし、彼らにも作れなかったのか、その後、イネは登場しません。

「（九〇）春三月、ひどい旱魃《かんばつ》で麦が実らなかった」（287）

「（九九）秋八月、霜が降りて豆類が枯れた」（287）

「(一〇八) 春夏、旱魃が続き、穀物が乏しく、国民は互いに殺して食べた」(287)

『三国史記』には、新羅や百済が干ばつに苦しめられた記録が頻発します。麦さえ守れない彼らに灌漑水田など出来るはずがありません。

考古学者は「前一一世紀に半島南西部で水田稲作が始まった」と云っているのに、なぜ百済の地で、その後一一〇〇年間も水田稲作が行われていなかったのか?

確実なことは、北方文化を継承した彼らは、水田稲作は行っていなかった、ということです。その彼らが、「日本に水田稲作を伝えた」なる話を信じろ、と云う方が無理でしょう。常識を疑われます。

結論は、オカボであれ水稲であれ、半島で稲作を行っていたのは新羅や百済ではなく、縄文人の子孫の国、任那（加羅・伽耶）の人々＝倭人だった。それが出来たのも、日本との交流でイネのタネや技術が伝えられたからだ、と云うことです。これが歴史を学べば子供でも分かる一般常識です。

ですから、統一新羅になって倭人が殺され、半島から追い出された後、半島の稲作技術は途絶え、コメは永らく穀物の主流になれなかったのです。

第五章　ゲノム解析が導く日本人のルーツ

奇妙な一文・篠田謙一氏が欠落させたもの

既述の通り、前一五～前一二世紀頃から日本人のご先祖様が水田稲作を行っており、そこには渡来人の影はありませんでした。

その後《のち》も、多くの渡来人がやって来た考古学的証拠はないのに、なぜ日本の分子人類学者は「日本人の主たるルーツはシナや半島にある」と主張するのでしょうか。その一人、篠田氏は新版『日本人になった祖先たち』の冒頭、次なる一文から始めました。

「北海道の最北端に位置する礼文《れぶん》島には10ヵ所以上の縄文時代の遺跡があります。そのなかのひとつの船泊《ふなどまり》遺跡では、昭和初期に初めて学術的な発掘調査が行われ、その後も小規模な考古学的調査が行われてきました。１９９８年には町の教育委員会によって建設工事に伴う大規模な発掘調査が行われ、縄文時代後期の住居跡や作業場跡や墓などの遺構と、土器、石器、骨角器、貝製品など大量の文化遺物とともに28体の人骨が発見されています。

私たちの研究チームは、その中の2体の人骨からDNAを抽出し、次世代シーケンサーという、大量のDNA配列を一度に読み取ることのできるマシンを使って解析を行いました。その結果、そのうちの1体、40代の女性（23号人骨）ではその全ゲノムを現代人と同じレベルの精度で決定することができました」（４）

その後、氏はこの女性の解析結果についてとうとう述べていましたが、もう一体については触れませんでした。実は氏が触れなかった一体（5号人骨）は男性であり、この解析結果について神澤秀明氏らは、二〇一六年・第70回日本人類学大会での論文、「C6　礼文島船泊縄文人骨の核ゲノム解析」に於いて次のように記していました。（要旨）

「5号のY染色体ハプログループはD1a2aであった。これらは、現代日本列島人の遺伝子頻度分布から縄文人的遺伝要素と考えられてきたものである」

つまり、船泊男性人骨のY染色体は、現代日本人が最大頻度で持つY染色体と一致しており、「D1a2a（D1b）は縄文系である」という説は立証されたといって良いでしょう。

その結果、本土の現代日本人男性の37％程度（新版『日本人になった祖先たち』140）が、沖縄では50％以上がこのハプログループに属し、最大頻度を持つ日本人男性の祖先は縄文人であったことになります。しかし篠田氏は次のようにも書いています。

「日本列島には、1万6000年前から3000年ほど前まで、縄文人と呼ばれる人たちが住んでいました。彼らは今の日本人に遺伝子を残していますが、その割合は1割から2割程度であり、私たちの遺伝子の大部分は弥生時代以降に大陸から渡ってきた人々がもたらした

ものなのです」(72)

つまり氏は、「本土日本人男性の約37%が縄文人の子孫なのに、日本人男性の持つ縄文人の遺伝子は1割から2割程度に過ぎない」と云っているのですから、普通の人なら「この話は何かおかしいぞ」と思うのも致し方ないでしょう。根拠もあります。

二〇〇三年の「ヒトゲノム計画」の完了により、ヒトゲノムのほぼ全てが明らかになりました。その結果、約99・5%は全人類集団で共通であり、個人差は0・5%程度に過ぎないことが分かっています。すると縄文人であれ「大陸から渡ってきた人々」(=渡来人)であれ、ゲノムの約99・5%は同じなのではないでしょうか。

或いは〝縄文人〟と〝渡来人〟なるものの全ゲノムを解析し、これが縄文人、これが渡来人、と識別し、その結果、「1割から2割」が縄文人のものであり、残りが「大陸から渡ってきた渡来人のもの」である、としたデータはあるのでしょうか。

〝遺伝子〟と云うなら、約2・2万個ある両者の遺伝子を解析し、これが縄文人のもの、これが渡来人のもの、と識別し、その結果、1割から2割が縄文人のものであり、残りが渡来人のもの、と確認したのでしょうか。

宝来聡氏の時代同様、この分野にも胡散臭さが漂っていたのです。

ＮＨＫ「サイエンスZERO」のウソ

以前、『日本の誕生』（ＷＡＣ）でも指摘したのですが、この番組は日本人のルーツを知る良き反面教師になるので、より詳しく解説したいと思います。

平成三十年十二月二十三日、ＮＨＫの「弥生人のＤＮＡで迫る日本人成立の謎」が放映されました。舞台は鳥取県東部の青谷上寺地《あおやかみじち》遺跡であり、視聴者に「日本人の祖先は大陸からやってきた渡来人だ」と印象付けようとする様々な手練手管が仕組まれていました。これを主導したのがＮＨＫと篠田謙一・国立科学博物館副館長です。

番組の冒頭、ナレーターは世の俗説をなぞり、次のように話を進めました。

「元々日本列島には縄文人が暮らしていましたが、弥生時代になると九州北部に大陸から渡来人がやって来ました。この時代に日本列島にいた人々のことを弥生人といいます。

九州北部に上陸した渡来系の人々が東に広がっていく過程で縄文系の人々と交わり、現代日本人が成立したと考えられてきました。そのプロセスを科学的に解明するために青谷で発掘された37体の骨でＤＮＡを分析することにしました。

遺伝情報を記録するＤＮＡは細胞内の核とミトコンドリア（以下　ｍｔ）の中に存在しています。篠田さんたちは先ずｍｔＤＮＡを調べることにしました。

ｍｔＤＮＡは母から子へと受け継がれる遺伝子、母系の祖先が何時、何処で生まれたのかルーツを辿ることができます」

「当初篠田さんがたてた予想では、九州北部に上陸した人たちが山陰に来るまでには縄文系の人たちとの交わりが進んでいたはずです。そのため渡来系と縄文系の割合は7対3位になると予想していました。しかし分析の結果は篠田さんの予想と大きく違っていました。**母系のルーツ**が明らかになった31体の内、縄文系は1体だけで他は全て大陸にルーツを持つ渡来系でした。このことから大陸から直接、青谷に渡来してきた**人たち**がいたことが浮かび上がって来たのです」(「母系のルーツ」が「人たち」に変わっていることに注目　引用者注)

〝渡来系〟の割合は（30/31）×100≒97％なので「全員」と云って良いでしょう。

これを見た篠田氏は、「ｍｔＤＮＡは母から子へと受け継がれる遺伝子、母系の祖先が何時、何処で生まれたのかルーツを辿ることができます」と説明していたことなどケロッと忘れたようで、表情を変えることなく次のように解説していました。

「渡来人は北部九州にやって来ただけではなく、想定より広い範囲で渡来系の人々がやって来た、と考えざるを得ない、というのが今回の結果だと思います」

次いで、番組に登場した女性は次のように言いました。

「科学の力で私たちが何処からやって来たか、そういう所まで見えてきているんですね」

同じく、この番組に登場した男性は次のように付け加えました。

「何処からやって来たかも分かって来た！」と。

それに続く篠田氏の言いようは、視聴者に、「紀元前一〇世紀から三世紀の間に、渡来人は中国から朝鮮半島を通って日本各地にやってきて、今の日本人の祖先になったのだ」と誤認させるに十分な内容になっていました。

ウソとペテンのカラクリを明かす

番組冒頭、「ｍｔＤＮＡは母系のルーツを表す」と説明していたように、これはｍｔＤＮＡ分析の結果なのですから、このデータは、「青谷の女性と女性の祖先は全員、大陸からやって来た」と云う信じがたい結果を示していたことになります。

然るに篠田氏は、「渡来してきた人たち」とすり替え、さらにこの女性が「私たち（日本人）」と拡大解釈したことを黙認したことが不正確でウソ臭いのです。なぜなら「人たち」や「私たち」なる言いようには「男性」も含まれるからです。

これはＮＨＫが良くやる単なる「ウソ番組」ではなく、「ペテン番組」です。

と云うのも、一般の視聴者はそのような峻別ができるかは定かでなく、専門家たる氏は、お二人が前記のように発言した場合、その間違いを訂正すべきなのです。そのために氏の存在意義があるのに、ウソと知りつつ訂正せず、黙認したばかりか、自ら「渡来してきた人たち」と発言したことがウソに加担したのも同然だからです。

また氏は、ｍｔＤＮＡのハプロタイプを見て、Ｍ７ａ（１体）を縄文系とし、他の全て、即ち、Ｇ（１体）、Ｃ（１体）、Ｄ４（15体）、Ｄ５（１体）、Ｎ９ａ（４体）、Ｍ７ｂ（４体）、Ｂ４（２体）、Ｂ５（２体）の計30体を渡来系弥生人としました。そして、この渡来系なる30体が、「シナ大陸のここからやって来た」と地図上でプロットしていたのですが、そうなら〝渡来系弥生人女性〟とすべきなのです。

そうなると視聴者は「科学の力で日本人女性はみんな弥生時代以降に大陸からやって来たことが分かるなんてスゴ～イ！」とはならず、〝？〟マークが灯ったはずです。

この番組は、「視聴者は、〈女性全員のルーツがシナにあるなら男性のルーツもシナにあるに違いない〉と自分で結論を出す」ことを前提にしているのです。日本人の常識を利用しているから平然と〝女性〟を〝人たち〟に言い換えているのです。これは「ダマしのテクニック・虚偽補完の手法」そのものです。だからこそＹ染色体には触れなかった！　触れればウソがバレるからです。

これがウソであることは、皮肉なことに氏自ら証明することになるのですが、以下、順を追ってその理由を明らかにしたいと思います。

形質人類学の泰斗・鈴木尚氏は篠田説を否定

篠田氏は、新版『日本人になった祖先たち』で次のように記していました。

「明治以来の形質人類学的な研究によって、日本列島集団の姿形には2つの大きな特徴があることが知られています。ひとつには時代的変化があるということで、具体的には、縄文時代の人骨と弥生時代の人骨に明確に認識できる違いが認められていることを言います。ただし、この場合の縄文人というのは、今からおよそ5000年前の縄文時代中期以降の、主として関東以北の太平洋岸の貝塚に埋葬された人骨を指し、弥生人は北部九州の甕棺に埋葬された、いわゆる渡来系弥生人を指していることに注意する必要があります」（149）

年代も三〇〇〇年近く離れ、場所も大きく異なる地域の人骨を比較したのですから、両者が大きく異なるのも当然なのですが、古代に限って、彼らはこの事実を信じないのです。

実は、日本人のルーツには、概略三つの説がありました。

①置換説（縄文人から渡来人へと入れ替わった）

②混血説（縄文人と渡来人が混血した）

③変形説（少しの混血はあったが主に生活環境の激変による骨格変形が原因）

そして東京大学名誉教授の鈴木尚氏は『骨から見た日本人のルーツ』（岩波新書、一九八三年）

に於いて次のように記していました。

「人種置換説と混血説とは、その根底として、人類の形質はいったん与えられると、そのまま変化しないか、変化しにくいという考えに立脚している。したがって、ある時代の大きな変化があったとすれば、それは別の人種の存在を前提としなければならない」(31)

この置換説や混血説に対し、日本人の骨、主に頭骨や身長が時代により大きく変わっていくことを立証したのが鈴木尚氏でした。篠田氏は次のように解説しています。

「日本人の骨格は歴史上2回大きく変化します。1回目は縄文から弥生時代にかけて、2回目は江戸から明治にかけてです。この2回の画期《かっき》は、いずれも日本人の生活様式が大きく変わった時期でした。前者は狩猟採集社会から農耕社会への移行、後者は西洋文明の受容です。明治時代に大量の移民はなかったのにもかかわらず日本人の体型は大きく変わったわけで、その状況を目の当たりにしていた研究者たちは、縄文・弥生移行期における変化も変形説で説明することを容易に受け入れることができたのです」(152)

これはデータにより裏打ちされた事実です(図5-1)。処が鈴木尚氏の死後、このデータ

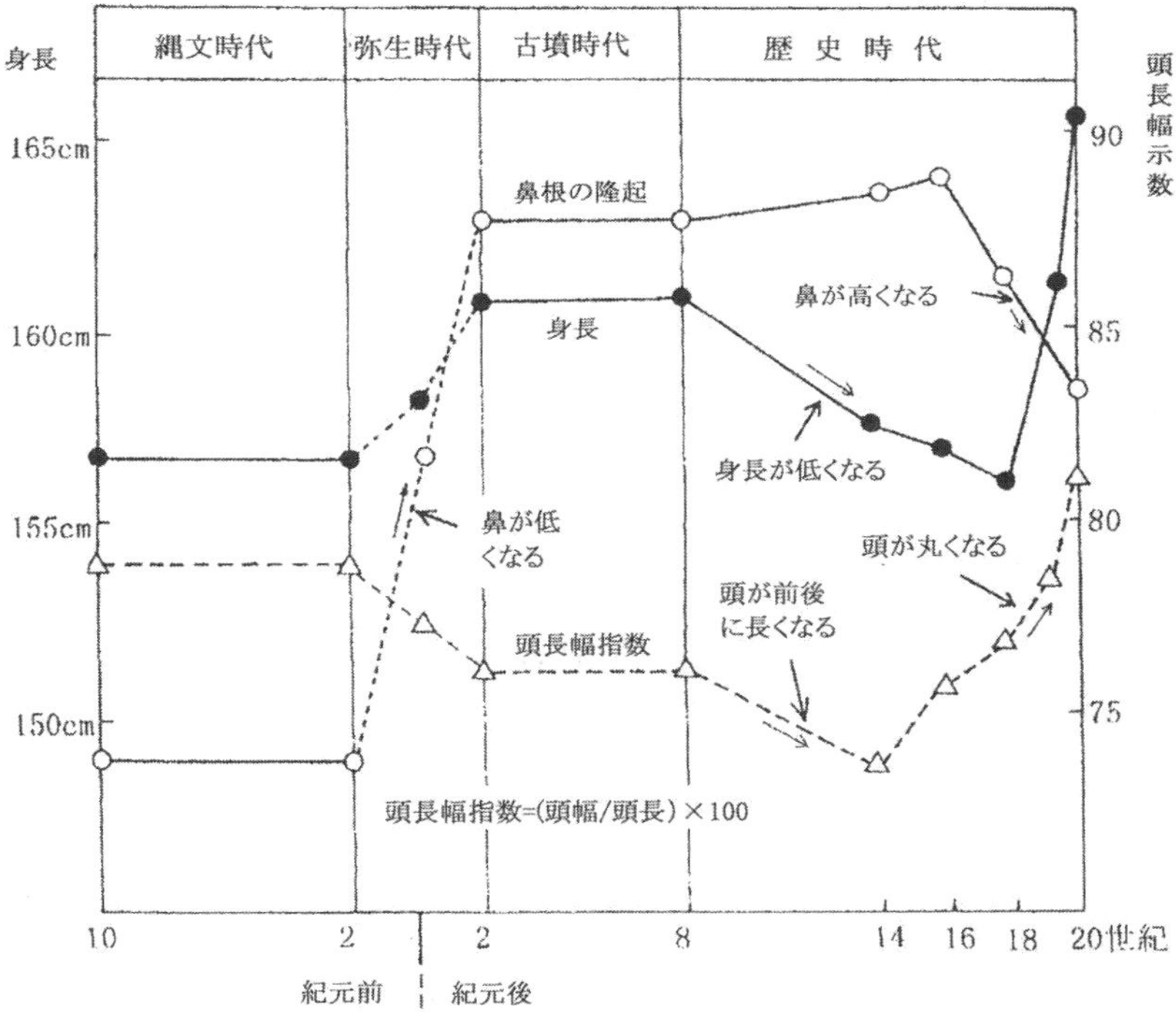

図 5-1　縄文時代から現代に至る日本人の骨の変化
（『骨から見た日本人のルーツ』を改変）

日本人の骨は縄文時代以来大きく変化してきたことが実証されている。縄文から弥生と明治以降の変化が著しいのは、食生活を中心とした生活環境の変化によると考えられる。尚、稲作の開始が紀元前十世紀にまで遡ることで、縄文から弥生にかけての形質変化はより緩慢なものとなるが、ここでは敢えて手を加えなかった。

は無視され、混血説に後戻りします。例えば篠田氏は次のように記しています。

「現在では埴原和郎によって提唱された、旧石器時代につながる東南アジア系の縄文人が居住していた日本列島に、東北アジア系の弥生人が流入して徐々に混血して現在に至っているという〝二重構造説〟が、主流の学説となっています」(152)

この「二重構造説」とは、私が『日本人ルーツの謎を解く』の「第六章　机上の空論・埴原和郎氏の二重構造モデル」(135)でその杜撰《ずさん》さを解説した説です。その後、誰からも反論はなく、次なる鈴木尚氏の説は正しかったことが分かります。

「たぶん大陸系の人びとの日本への渡来は、文化的には大きく貢献したには違いないが、全日本的には混血の効果としてはほとんどなかったか、あったとしても局地的な影響にとどまったことであろう。結局、文化現象と人口現象とは区別して考えるべきであろう」(『骨から見た日本人のルーツ』224)

その上で鈴木氏は根拠データを開示していました。

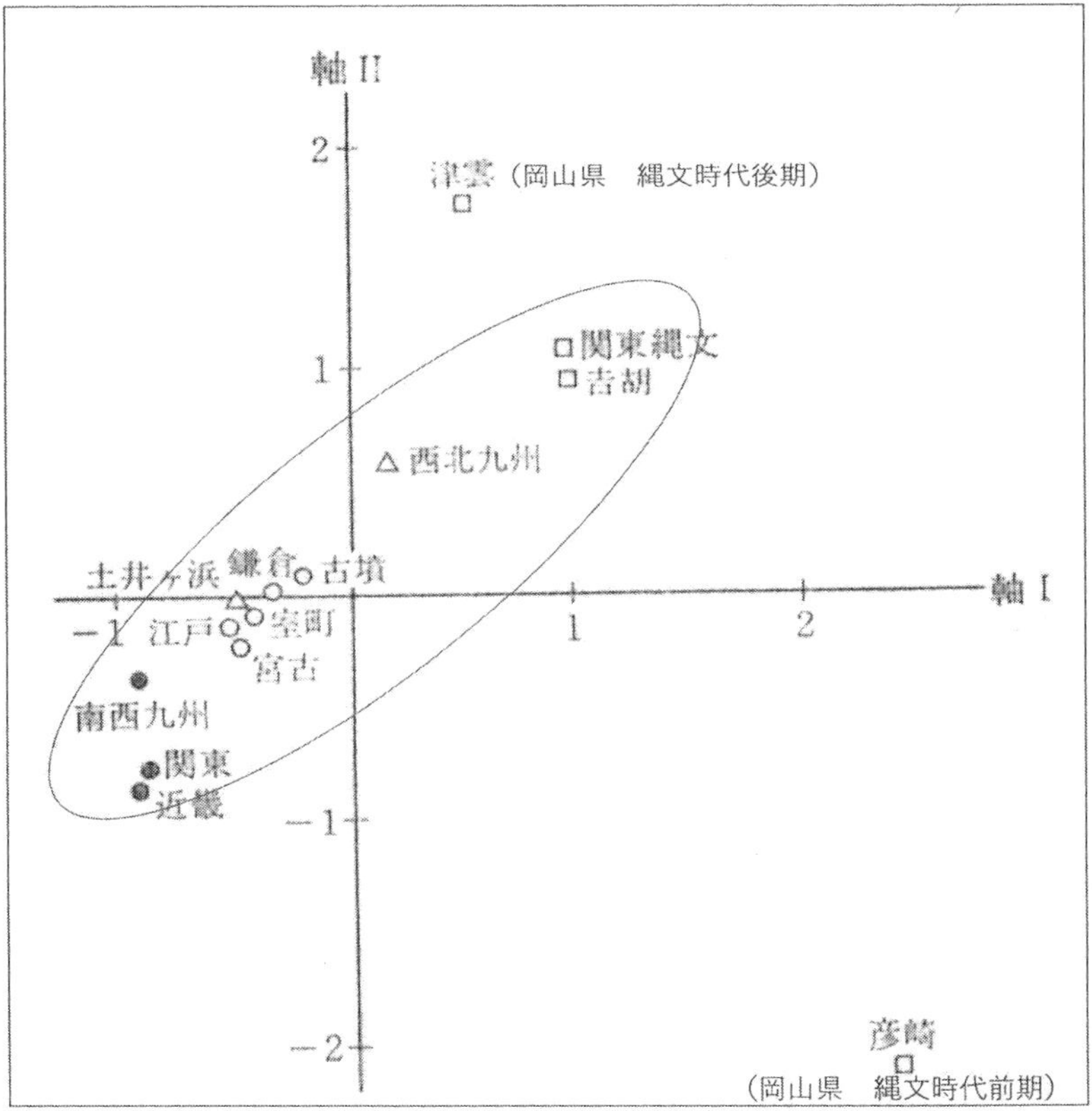

図 5-2　縄文時代から現代に至る各時代人の形態位置の比較
〈□縄文時代、△弥生時代、○歴史時代、●現代〉
（『骨から見た日本人のルーツ』P216 より加筆）

「縄文時代人から弥生時代人、古墳時代人、鎌倉時代人、室町時代人、江戸時代人へと直線的に推移したことは図Ⅷ‐1によっても明らかなことで、著しい混血は考えられない」(224)

〈図Ⅷ‐1〉とは〈図5‐2〉のことです。ここで氏は〝縄文人〟や〝弥生人〟という言い方をしないで、〝時代〟という言葉を挿入することで、日本人の連続性を信じていたことが分かります。つまり、「今の日本人の8～9割が大陸や半島から来た渡来人だ」なる篠田氏らの説を、根拠を示して否定していたのです。

北部九州から来た土井ヶ浜遺跡人

山口県の響灘《ひびきなだ》に面した土井ヶ浜遺跡を一躍有名にしたのが、昭和二八年（一九五三）にかつて砂浜だった場所から掘りおこされた三〇〇体余りの人骨でした。

そして発掘にあたった九州大学の人類学者・金関丈夫氏は、この骨が縄文人とは異なる特徴を持つことを明らかにしました。一言でいえば、顔の形が扁平で細長く、平均身長も高かったことが鈴木尚氏の「変形説」を揺るがしたのです。

「東日本の弥生人骨は縄文人と古墳人との中間的、移行的性格を持っているのにたいして、九州地方の遺跡から発見される弥生人骨は形質の上で地方差があり、大雑把に見て形質から北九州群、南九州群と西北九州群に分かれるようである。

北九州群とは佐賀県背振村三津、山口県豊北町土井ヶ浜遺跡からの人骨を意味するが、彼らは南九州群の広田（種子島）、鹿児島県山川町成川遺跡のものとは高身長、中頭形、狭顔型という点で相違しており、いかにも彼らは華北の新石器時代の骨格を彷彿《ほうふつ》たらしめるものがある」（『骨から見た日本人のルーツ』158）

この違いを金関丈夫氏は次のように解釈したと鈴木尚氏は書いています。

「九州における南、北弥生群の身体的形質の相違は既に縄文時代にはじまったが、この相違の主たる原因は、縄文時代の終末に北朝鮮たとえば雄基や鳳儀遺跡のような新石器人が九州北部に渡来し、そこの土着民と混血した。しかしこの朝鮮人との混血は南九州までは波及しなかったのであろう」（160）

形質人類学者のご両名は、考古学や文化人類学的事実に注目しなかったと思われます。

実は、「土井ヶ浜遺跡・人類学ミュージアム」編集・発行の『土井ヶ浜遺跡の弥生人たち』（一九九九年）という小冊子があり、そこには次のようにあります。（概要）

「土井ヶ浜からは中国や半島の土器やその系統を示す遺物は発見されていません。従って考古学的にみて、土井ヶ浜に埋葬された人々や埋葬した人々が彼の地からやってきた、なる証拠は一切ありません。むしろ彼らは北部九州から移り住んだと考えた方が良いかも知れません」、「また彼らが身に着けていたものは、大陸系の装飾品ではなく、イモガイやゴボウら貝などの沖縄、奄美で採れる貝を加工したものでした」

このことを裏付けるかのように『よみがえる日本の古代』（金関恕監修、小学館、二〇〇七）に於いて、藤田憲司氏は金関恕氏の父君・金関丈夫氏の渡来説を軽々と否定していました。「土井ヶ浜遺跡からは北部九州で作られた弥生土器が出土しています。種子島以南の海でしか採れない貝で作った腕輪や指輪や硬玉製の勾玉、ガラス小玉などを身につけて埋葬された人がいます。これから土井ヶ浜の弥生人は北部九州からきたと考えられています」(62)

篠田氏が「北九州群＝渡来系弥生人」と呼んでいる人骨は、縄文人と異なっていることは確かです。しかし、土井ヶ浜人骨は水田稲作の開始から一〇〇〇年以上過ぎたものであり、明治期に日本人の形態が大きく変わったように、文化的激変期に人骨が大きく変わったとて、何の不思議もないのです。

「誤」の原因・杜撰《ずさん》なｍｔＤＮＡの分類

では、篠田氏らは、時代により変わっていく人骨のｍｔＤＮＡを、如何なる根拠で、在来の縄文系と弥生時代以降、半島や大陸からやって来たとした渡来系に分類したのでしょう。

「大友遺跡以外の北部九州の遺跡から出土した人骨は、すべて形態学的な研究から渡来系弥生人と考えられているものですので、データをまとめて考察することにしますが、そのまえに各遺跡の性格などを手短に説明しておきましょう。安徳台、隈・西小田、唐古《からこ》・鍵の各遺跡はについては、私がＤＮＡの解析をしたものです。

安徳台遺跡は福岡県那珂川町にある弥生時代中期後半の遺跡で、一〇基の甕棺が確認されています。なかには四三個もの貝製腕輪をともなう人物も埋葬されており、首長の墓であると考えられています。その形態学的な調査をした中橋孝博さんによると、北部九州の渡来系弥生人の特徴を備えているということでした」（『日本人になった祖先たち』179）

雑でうすっぺらな根拠です。時には一方的な断定も行っていました。

「佐賀県の有明海側にある詫田西分《たくたにしぶん》遺跡は、甕棺と土坑墓という異なる二つのタイプの墓が混在している変わった遺跡です。そこに埋葬された人々も形態学的な研究から渡来系弥生人と縄文人の系統を引く人々が混在したという報告がなされたこともありましたが、全体としてみるとやはり渡来系弥生人の集団であると考えてよいようです」(181)

彼らは、「人骨は変わっていく」という鈴木尚氏の実証研究を無視し、土器や装飾品、出土物とセットで考えるといった考古学者（151頁　藤尾慎一郎氏の判断を参照）の判断や文化人類学的判断を無視したのです。

その上で、中橋孝博氏らの一面的な見方のみを拠り所として、これらの人骨をシナ大陸や半島からやって来た「渡来系弥生人もの」と断定し、この人骨から検出したｍｔＤＮＡをシナ大陸や半島由来の「渡来系弥生人のもの」と決めつけたのです。

それが青谷上寺地遺跡の人骨から検出された、Ｇ、Ｃ、Ｄ４、Ｄ５、Ｎ９ａ、Ｍ７ｂ、Ｂ４、Ｂ５であり、篠田氏は、「この地の女性」とは言わず、「この地の人々」の祖先は大陸からやってきた」と話していましたが、この判断は誤りであることがやがてゲノム解析から明らかになります。

かつて氏は、縄文人骨からもＧ、Ｄ、Ｍ７ｂ、Ｂが検出されていることを自著に書いていました（『日本人になった祖先たち』183）。すると縄文人と共通する青谷のｍｔＤＮＡは縄文人女性の子孫である可能性もあるのに、なぜか氏はこの事実には一切触れませんでした。

このままでは、青谷の人骨のｍｔＤＮＡ分析から、「シナから女性がやって来て、この地の男性と交り、子孫を残していった」となるのですが、後程、篠田氏も否定していたように、このシナリオはまずあり得ないのです。

再登場、日本人の祖先（渡来人）による〝縄文人虐殺説〟

そこでこの番組は「戦い」に焦点をあて、シナ大陸から渡来人集団が青谷上寺地の縄文社会襲い、おそらくは皆殺しにしてこの地を奪い取ったのだ、と仄《ほの》めかしたのです。

これは中国人が犯してきた異民族の抹殺、今もやっている〝ジェノサイド〟であり、その「残虐なシナ人の子孫が青谷上寺地や今の日本人であることが科学的に証明された」と再び視聴者の頭に注入しようとするイヤ～な虚偽・洗脳番組になっていました。

実は二〇年前、ＮＨＫはこのような番組を流し、本にまでして売りさばいていたのです。

「わたしたち日本人は、先住民である縄文人を滅ぼした渡来人の末裔なのか。もしそうだとすれば、日本人とは、旧約聖書のアダムとイブ以上の〈原罪〉を背負って日本列島に生きながらえてきた民だったことになる」（『日本人はるかな旅⑤』28）

この頃からＮＨＫは、分子人類学ではなく人骨を用いた〝虚偽・捏造写真〟を使って視聴者や私たちを欺き続けてきたのです。（『新文系ウソ社会の研究』263）

今回は、分子人類学を使って同様の結論に導いたのですが、「日本人悪人説」をふりまき、悪辣な日本人など地上から消えてしまえ、と云わんばかりの内容は少しも変わっていませんでした。そのため、この番組も巧妙で悪質な「ダマしのテクニック・虚偽補完の手法」を使っていたのです。

篠田氏とＮＨＫが「Ｙ染色体解析」を隠したわけ

友人が録画したこの番組を途中まで見た私は、話は「父系のルーツを示すＹ染色体」に移ると思っていました。

篠田氏やＮＨＫが視聴者に真実を知らせたいのなら、中国、韓国、日本人のＹ染色体の解析結果を提示すれば一目瞭然だからです。処が彼らは提示しなかった。提示すれば、日本人男性のＹ染色体は中国人や韓国人とは別物であることが分かってしまう。即ち、受信料を払っている視聴者にＮＨＫ番組のウソとペテンがバレるからでしょう。

その結果、ＮＨＫの本質を知った視聴者が、「こんなペテン番組を流すＮＨＫへの受信料不払いは当然だ！　こんなＮＨＫはいらない！　見たくないからスクランブルにすべきだ！」という当然の反発が起きることを懸念したからではないでしょうか。

Ｙ染色体のハプロタイプ比較図（図１‐10参照）は、日本人男性のルーツは、シナや半島にあったのではないことを証明しています。またY染色体のハプロタイプは、本土日本では、ほぼ均一化していることも明らかにされています。（中堀豊『Y染色体からみた日本人』岩波書店 等）

すると青谷上寺地での男性は縄文人の子孫なのに、なぜ全ての女性はシナからやって来た、と篠田氏とＮＨＫは結論付けたのか？

これでは、「女性だけが青谷上寺地に大挙押しかけた」というあり得ない結果になり、これを視聴者に知られては番組のデタラメさが露見し、これに加担した専門家たる氏も〝専門家失格〟なる烙印を押されかねない。

この考え方を日本人全体に適用すると、「日本人男性」は縄文時代から日本に住んでいたのに、「日本人女性」は弥生時代以降大陸からやってきたという、篠田氏自身が否定した説になってしまうのです。

これは単なる推測ではなく、それを明らかにした対談があるので一部を紹介します。

ｍｔＤＮＡ解析の限界を炙りだした茂木・篠田対談

それが『別冊日経サイエンス１９４』に載っていた篠田謙一氏と脳科学者・茂木健一郎氏による対談です。尚、文末のカッコ内は私のコメントです。

茂木　私たちの祖先は、いつ、どこからやってきたのか。これは日本人には特に関心が強い謎の一つではないでしょうか。分子人類学の専門家である篠田さんは、人類が歩んできた道をＤＮＡの分析によって明らかにしてきました。人類の進化の研究に、いまどんな変革がおきているのですか。

篠田　人類の祖先がほかの高等類人猿から分かれたのが、今から６００万年から７００万年前といわれています。そして、２００万年ほど前に人類はアフリカ大陸を出て旧大陸に進出しましたが、この段階の人類のことを一般には「原人」と呼んでいます。

原人は、旧大陸の中緯度地方を中心に、世界に広がっていきました。ＤＮＡ研究の最初の功績の一つは、従来の研究では結論が出せなかった原人と私たち現生人類との関係を明確にしたことだといえます(116)

茂木　こうしたハプログループの分析から、日本人の起源についても解明できるのでしょうか。

篠田　そのためミトコンドリアＤＮＡから見た、日本人と周辺地域の人々の近縁関係を調べています。その結果、朝鮮半島とか中国の北の方の山東・遼寧といった地域によく似ていることがわかります。こういうところにいた人が中心になって日本列島に人が入ってきたのだと、おおざっぱには考えられます。（ここでも氏はｍｔＤＮＡの分析から〝人〟の移動が推定できるとしていますが間違い。〝女性〟が正しい）

ただ、ハプログループの比較はすべて現代人のデータです。特定のグループがどの時代に日本に入ったかはわからない。そこで、次は何をしなければならないかというと、古代人のＤＮＡの分析という話になってくるわけです。

茂木　縄文人など発掘された古人骨を分析するわけですね（118）

（中略）

茂木　ミトコンドリアＤＮＡの分析は、人類学にさまざまな革新をもたらしているわけですが、逆に研究の問題点や課題はありますか。

篠田　現生人類の系統樹はできましたが、先ほども言ったように、これはあくまでも現代人で調べたミトコンドリアＤＮＡによる分析結果にすぎません。とくにミトコンドリアでは女性の系統しかわかりませんので、男性の話ができないわけです。それは私たちの古人骨の分析の限界でもあります（118）

〔解説〕この発言から、篠田氏は先のＮＨＫ番組で、ｍｔＤＮＡの限界を知っていながらウソをついていたことが明らかになりました。この対談では、茂木氏には分子人類学の基本的知識があると警戒し正直に話したようです。案の定、茂木氏は次のように問いかけます。

茂木　男性の系統を調べるには、男性に遺伝するＹ染色体のハプログループの分析が必要というわけですか。

篠田　論理的にはそうですが、簡単にはいかないのです。（中略）ネアンデルタール人の骨1個ならおそらく徹底的に分析すればできますが、それを縄文集団で調べるとなると難しい。
茂木　すると現代人のY染色体の分析から、ある程度のことを探るしかない。
篠田　そうなります。実際、Y染色体のハプログループの出現頻度を現代人で見ると、日本人はものすごく他と違うという結果が出ています。ミトコンドリアだと、きれいに東アジアの北の方の人と同じになりますが、Y染色体だと、中国と朝鮮半島にある程度似てくるんですが、日本人の特殊性が際立っている。
この図がそうです。（図1‐10と同様なので割愛）
茂木　日本人だけ、Ｙａｐ＋（＝D：引用者注）というハプログループが多いんですね。
篠田　そうです。これが何を意味しているのか、今のところうまい結論を出せていないんです。ただ一般にはＹａｐ＋は、古い時代から日本にあると考えられており、縄文人が持っていたといわれます。つまり、日本人のY染色体では縄文人の遺伝子頻度が高い。(119)
〔解説〕「日本人のY染色体では縄文人の遺伝子頻度が高い」のなら「日本人の遺伝子の1割から2割を縄文人から受け継いでいる」と書いた『新版　日本人になった祖先たち』はウソとなります。また、NHK番組で「青谷上寺地のヒトや日本人の祖先は大陸からやってきた」

もやはりウソだったことを自白したようなものです。

茂木　ミトコンドリアとY染色体で、結果が違う。

篠田　形態学では埴原和郎が提唱した二重構造説というのが現在の主流になっています。縄文時代には日本列島に縄文人という基層集団がいて、それと大陸から渡来して稲作を伝えた弥生人が混血していって現代の日本人ができたという説で、混血があったのは確かですが、それがどの程度、どのように行われたかはわからない。（稲作に関する篠田氏の発言は相変わらずデタラメ。茂木氏も菜畑遺跡を知らないらしい）

茂木　今の話でいうと母系は弥生で、父系が縄文ということになってしまいますね（119）

〔解説〕篠田氏の説明のデタラメさを突かれ、回答に窮した氏は話をはぐらかします。

篠田　すると「渡来人は全員女だった」という話になるんです。これはおそらく絶対にありえない。Y染色体とミトコンドリア、要するに男と女の子供の残し方の違いだと思います。女性は一生に子供を産める数に限りがありますが、男性は非常にたくさんの子供を残せる。

例えばチンギス＝ハンのDNAを持つ現代人の子孫は一六〇〇万人いるという研究もあります。武力による侵略などが起きたときはそういうことが起こり得るでしょう。Y染色体の増え方は、比較的最近の現代史の経緯によってかなり違ってくる可能性があります。（何が云いたいのか分からないが、茂木氏は煙に巻かれた）

茂木　そうすると、おそらく大陸ではそういう変化が何度も起こって、日本では起こらなかったということですね（119）

〔解説〕一般にヒトは、ヒトの住んでいない土地への移動は問題ないのですが、ヒトが住んでいる土地へ移住する場合、無理やり入ると争いが起きます。そこで先ず男性が行き、話をつけた後に家族を呼ぶ。話がつかなければ戦いが始まり、勝利した民族が負けた民族の男を皆殺、或いは奴隷にし、女は戦利品として勝者の男たちに分配され、子孫を残していく。悲しいことに、それがヒトの拡散に伴う歴史的事実なのです。旧約聖書に書いてあるだけではなく、戦争の原因もそのようなものです。そして女性だけで移動していくことは、篠田氏の言う通り、「絶対にあり得ない」のです。

では篠田氏の指摘した「現代史の経緯」とはなにか。

中国人は、戦争で勝利し、異民族を征服すると男は原則皆殺しか奴隷、女は戦利品として征服者に分配され、被征服民族の言語を禁止し、文化もろとも抹殺してきました。

先の戦争で敗れた日本は、祖国日本が海の向こうにあったため絶滅を免れたものの、中国人に征服された満州族は国もろとも地上から消されました。

チベット族も中国に武力征服され、男は殺されるか奴隷、女は強姦対象となり、事実上滅亡しました。それでも彼らの一部はダライラマと共にヒマラヤを超え、インドに逃れ、民族として生き残っています。ウイグル族も同じ運命にあることは、現在進行形の悲劇としてネットなどで広く知られています。

中国人は、民族を滅ぼすには女性に子供を生ませなくすれば良いことを理解しており、チベットに続き、今度はウイグル族女性に対し強制中絶と強制不妊手術というナチも恐れる悪行を行っています。同時に、男は様々な手段で殺すか奴隷労働に従事させ、未婚の女性にはあぶれた中国人男性との結婚が強要されています。

中国は、次に沖縄県民の〝ウイグル化〟を目論んでいるので県民は注意が必要です。

これら中国人の悪行を見て、二〇二一年一月、アメリカは中国をナチの再来〝ジェノサイド国家〟に認定したのです。

このまま何世代か過ぎると、チベット族やウイグル族のY染色体は中国人男性と入れ替わり、女性のｍｔＤＮＡはチベット族、ウイグル族女性のものが継続されます。ですからｍｔＤＮＡだけではヒトのルーツは辿れないのです。先のＮＨＫ番組は、ｍｔＤＮＡだけでルーツを語っていたのですが、それでは真実に至れない理由です。

茂木氏は、日本ではチベットやウイグルの悲劇は起きていないのに、なぜ日本人はその逆、「母系は弥生で、父系が縄文」なのか理解できず納得していません。

シナ大陸から渡来人家族が日本に移住したとして、篠田氏がその遺伝子の8〜9割を日本人が引き継いでいると云うなら、なぜ中国人と日本人のY染色体のハプロタイプは斯くも異なるのか。元々Yap+（D系統）を持っていないシナ人が日本に来たとしてもYap+を残せるはずがないからです。説明に窮した氏は次なる話を持ち出します。

篠田　もう一つ、Yap+が非常に多いのは、日本だけではなくて、チベットもそうなんです。するとチベット人と日本人は関係があるのかという話になりますが、それはもしかしたら、チベットも山の中でそんなに人が多く入ってこないわけで、海で隔てられたところと山で隔てられたところが同じような遺伝子の歴史をたどったのかもしれない。(119)

〔解説〕これは、「シナ大陸には、元々Yap+を持った人たちが住んでいたが、大昔にシナ人がこの地を侵略し、西に逃げたのがチベット族となり、東に逃げたのが縄文人である」なる仮説です。但し、根拠ゼロなので「もしかしたら・かもしれない」と逃げを打っています。

この時、篠田氏は茂木氏に、チベット族のYap+の殆どがD1a1（旧D1a）であり日本人は全てD1a2a（旧D1b）であることを言いませんでした。それは茂木氏から、次なる反論を受けることを予見したからではないでしょうか。

「仮にチベット族と日本人の祖先がシナ大陸に住んでいたとして、シナ人の侵略を受けて東と西に逃げたのなら、こんなにきれいに分れるはずがないのではないか」〈図1‐11参照〉

こう推測するのも、氏は新・旧の『日本人になった祖先たち』に、チベット族のY染色体データを載せていないからです。載せれば日本人との違いが分かってしまう。

茂木氏の追及はこれで終わったのですが、結局篠田氏は「母系は弥生で、父系が縄文」の説明ができませんでした。それは氏の口癖、「日本人の遺伝子のほとんどが渡来人からのものだ」が正しくないからです。

いずれにせよ、この対談は、NHKと氏が避けたY染色体分析はヒトの拡散を知るうえで不可欠なことを炙りだしたといえます。

ジェノグラフィック・プロジェクトから読み解く真実

先の茂木・篠田対談で、篠田氏が回答に窮していた難題も、〈図1‐10〉に依れば簡単に説明できます。

日本から半島を通り、山東や遼寧《りょうねい》にいく男性の流れに女性の一団もついていった。だから日本、半島、山東、遼寧と女性の系統を表す基層のmtDNAのハプロタイプは類似していると理解できます。半島は前述の通り、半島人の祖先が日本人と同じ縄文人だったから、特に両者は似ているのです。

これが日本人が「母系は弥生で、父系が縄文」の理由です。

ただ、半島の縄文人男性は、北方からきた民族との戦いに敗れ、入れ替ってしまったので、Y染色体にはシナ人やモンゴル人に特異性のあるタイプが流入し、日本人とは大きく異なってしまいました。

最近の事例では、ベトナム戦争の時、韓国兵が多くのベトナム人女性に集団強姦を働いたことが挙げられます。その結果生まれた何万人もの混血児・ライダイハンは、女性ならベトナム人女性のｍｔＤＮＡを引き継ぎ、男性ならY染色体は韓国人のものに入れ替ってしまったのですが、同じような悲劇が半島で起きたと云うことです。

序ながら、日本軍が南京を攻略した時、「ザ・レイプ・オブ・ナンキン」なる虚偽が流されました。それがウソである証拠は「その一年後、南京で何万人もの混血児が生まれた」はなかったからです。また戦後、中国人男性のY染色体に、日本人の持つD系統の人が増えた、なる事実もありません。

軍事占領後、ロシア人、中国人、韓国人が占領地の日本人女性に対して強姦を働いたのですが、日本兵は行わなかったと云うことです。日本軍は軍紀で強姦を厳禁していたし、日本兵もそれを守った証拠と云えましょう。

自己矛盾・支離滅裂となったわけ

その後、何としても「日本人のDNAのほとんどが朝鮮半島からやってきた渡来人のものだ」と主張したい氏は、別の話を展開して行きました。

「弥生時代の集団の形成を考えるときに重要なのは、日本の稲作農民の起源の地であると考えられている朝鮮半島の状況です」（新版『日本人になった祖先たち』186）

二〇一九年になっても、氏は菜畑遺跡をご存じないらしく、その上で日本の稲作を語るので、さらなる矛盾を引き起こします。

「北部九州の弥生早期の遺跡から出土する朝鮮半島系の土器は、全体の一割程度だと言われており、しかもそれらが出土するのは玄界灘に面した大きな遺跡からだけで、大部分の弥生早期の遺跡には朝鮮系の土器はないのです。これらの事実から、考古学者は弥生時代早期の渡来人の数を、全体の1割程度と見積もっていました。（中略）

しかしその後、中橋孝博さんと飯塚勝さんによる人口のシミュレーション研究によって、農耕民である弥生人の人口の増加率が、狩猟採集民である縄文人よりも高いことを仮定すれば、最初の渡来者が少数でも数百年で在来系の集団を数の上で凌駕することが示されました。

一般に狩猟採集民よりも農耕を受け入れた集団の方が、人口の増加率が高いことが示されているので、この仮定には十分な根拠があります」(190)

この部分は、旧版の『日本人になった祖先たち』と全く同じなのですが、氏が言及した〝シミュレーション研究〟とは、私が『日本人ルーツの謎を解く』の「第八章 為にする仮説・中橋孝博氏の〈渡来人の人口爆発〉」(195)でその問題点を明らかにしたものです。

九州大学教授だった中橋氏も、なぜかお隣の菜畑遺跡を知らなかったようです。知っていれば、「農耕民である弥生人の人口増加率が、狩猟採集民である縄文人よりも高い」なる仮定は成り立たないからです。

詳細は前著に譲りますが、中橋氏らの〝シミュレーション〟によると、「渡来人の渡来の後、三〇〇年が過ぎると日本人に占める渡来人の割合は8割を超え、更に30年後には9割を超え、卑弥呼の時代になると渡来民の人口は一億人を突破する」なる結論に至るのです。

それを「十分な根拠があります」とは噴飯もの。これは「何が何でも日本人の祖先は渡来人なのだ」を守りたいための〝数字のお遊び〟なのです。

氏が〝太鼓判〟を押した中橋氏の結論、「渡来人の子孫が日本人の8割、9割を上回る」が正しいのなら、なぜ茂木氏との対談で「日本人(のY染色体ハプロタイプ)は、ものすごく他(中国人や韓国人)と違う」、「日本人のY染色体では縄文人の遺伝子頻度が高い」と発言したのか。日本人と中国人のD系統を比較して再考されたら如何でしょうか。

何と「渡来系弥生人」は渡来していなかった！

先のNHK番組は、Y染色体に触れぬまま核DNAへと移っていきました。ではmtDNAから「大陸からやってきた」とした〝渡来系弥生人〟は本当に大陸から来たのでしょうか。

「北部九州の弥生人は平均身長で男女とも縄文人よりも5センチほど高くなります。また顔貌ものっぺりとした面長で、鼻根部は平坦です。縄文人とはかなり違った姿形をしているので、両者は由来を異にする集団だと考えられています。

朝鮮半島や中国の江南地方から水田稲作をもたらした人たちだと考えられていますので、渡来系弥生人と称されています」（新版『日本人になった祖先たち』179）

〝考えられている〟と云う他人任せの〝事実誤認〟が〝持論崩壊〟をもたらします。

「渡来系弥生人で最初に核のゲノム解析ができたのは、福岡県那珂川市の安徳台遺跡に埋葬されていた女性の人骨です。（中略）

核ゲノムの解析に成功した女性は典型的な渡来系弥生人と考えられたので、彼女の持つ核

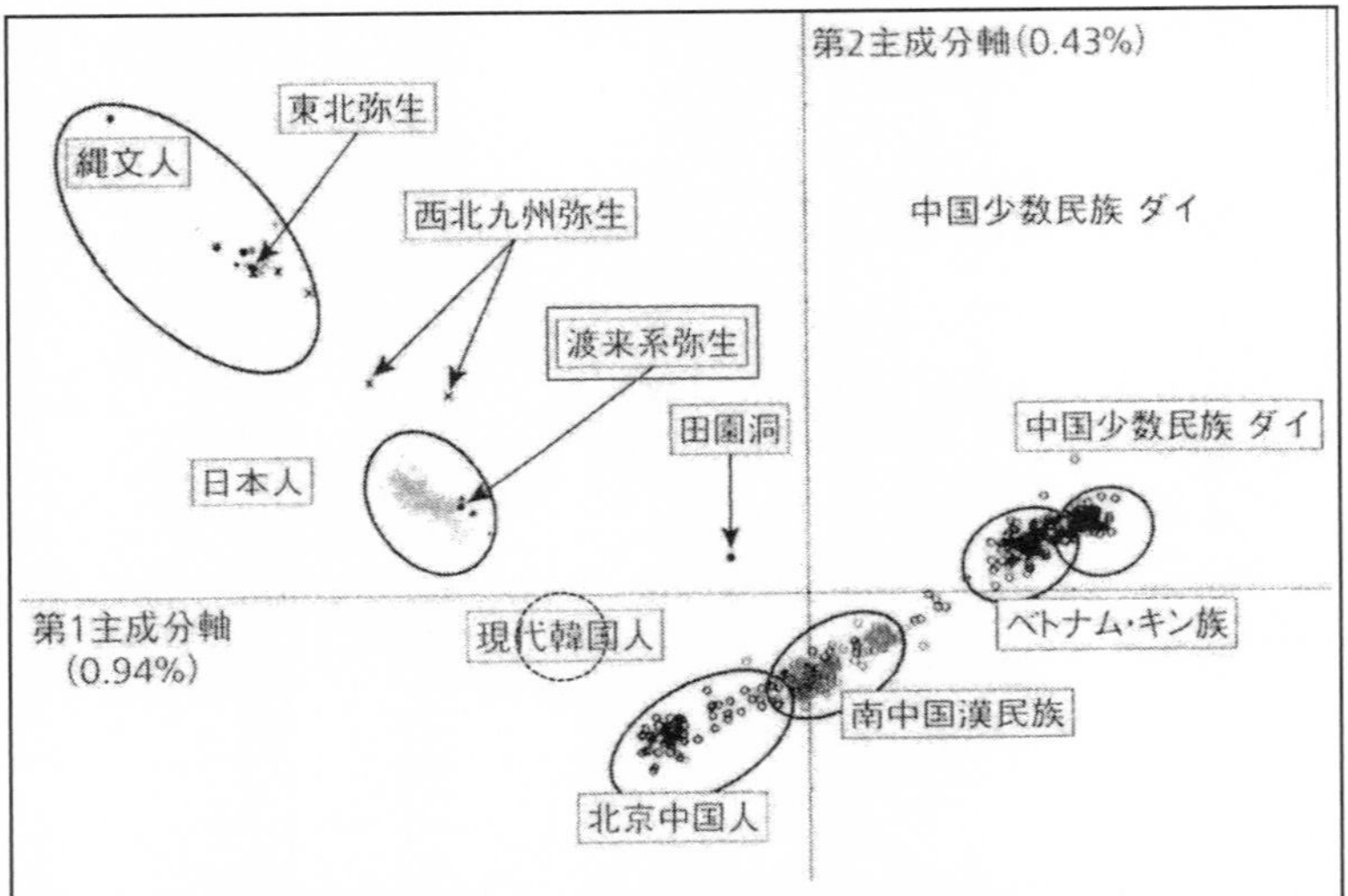

図6-12　東アジアの現代人と縄文人、弥生人を含めた主成分分析の結果

図 5-3　日本人（縄文人・東北弥生・西北九州弥生・渡来系弥生）
現代韓国人・漢族等の各 SNP 主成分分析結果
（『新版 日本人になった祖先たち』P181 に加筆）

ゲノムは、渡来人の源郷と考えられる朝鮮半島や中国と類似すると考えられました。

　しかし、そのSNPデータを元に縄文人や現代の東アジアの集団と共に主成分分析を行ってみると、予想に反してその遺伝的な特徴は現代日本人の範疇に収まるもので、むしろその中でも縄文人にやや近い位置を占めていることがわかりました」(180)

　こうして提示したのが〈図5-3〉です。この図を見ると、氏が「朝鮮半島や中国の江南地方から水田稲作をもたらした人たち」と信じていた典型的な〝渡来系弥生人〟女性は、何と半島や中国人集団から遠く離れ、現代日本人の範疇に入っていたのです。

予想が完全に外れた氏は言いわけを並べます。

「主成分分析の結果は、彼らもかなり在来の縄文人と混血が進んでいたということを示しています。安徳台遺跡は弥生時代中期のものなので、弥生時代の開始期からはかなりの年月が経っており、彼らも日本列島ですでに数百年間生活していた集団です。むしろこれまで渡来系弥生人というと、朝鮮半島集団の遺伝的な要素が非常に強い人々という捉え方をしていましたが、その方が不自然なのでしょう。渡来系弥生人も日本で誕生した人々と捉えるべきなのです」(183)

〝渡来系弥生人〟は渡来していなかったのですから〝渡来系〟なる呼称は、以後、止めるべきでしょう。次いで、篠田氏の云う通り「日本人の遺伝子の8～9割が渡来系（シナ大陸から来た）」なら〈図5‐3〉に照らし、以下の点が説明できないはずです。

①日本人の遺伝子の8～9割がシナからやって来た、即ち中国人と祖先を同じくすると云うなら、なぜ日本人の8～9割が中国人と重ならないのか。

②安徳台の女性も、混血したとはいえ、8～9割がシナ人と共有する遺伝子を持ってい

るはずであり、そうならなぜ中国人のクラスターに近づかないのか。

氏が信じた〝渡来系弥生人〟のゲノム解析結果は、氏の予想に反し、真逆の結果を示してしまったのです。

証明された「日本人のご先祖様」とは

それでも先のNHK番組を見た人は、「日本人のルーツは弥生時代にシナ大陸から半島を通ってやって来た人々だった」なる思いを強くしたはずです。私が、この番組を見た数人に聞いたところ、皆そのように言っていたからです。つまり彼らは一般の視聴者を見事にダマし切ったと云えましょう。

では、今まで篠田氏が認めた四つの事実を列挙し、四つの仮説に当てはめると、どの説が妥当なのか検証してみましょう。

① 篠田「Y染色体のハプログループの出現頻度を現代人で見ると、日本人はものすごく他（中国や韓国）と違う」。日本人男性のルーツは中韓にはないと云うことです。

② 茂木「篠田氏の話によると母系は弥生で、父系が縄文となってしまう」がこれはどういうことか。篠田氏の説明は「ウソくさい」と云う疑念の表明です。

③篠田「すると〈渡来人は全員女だった〉という話になるんです。これはおそらく絶対にありえない」。これには誰もが納得します。

④氏が、渡来系弥生人とした「安徳台女性」の遺伝的な特徴は、中国人や韓国人から大きく外れ、現代日本人の範疇に収まっている。即ち、現代日本人そのものである。

次に、とり得る四つのケースと前記の確定事項との関係を見て見ましょう。どれが矛盾なく説明できるかということです。

仮説A「私たち日本民族の主な祖先は、男女とも日本在来の縄文人である」とした場合、①、②、③、④の全てを矛盾なく説明できます。③について、はｍｔＤＮＡの縄文系、渡来系の区分が間違っている、ということです。

仮説B「男性の主な祖先は大陸からやってきた渡来系で女性の主な祖先は縄文人である」とした場合、①、②、③の説明に窮します。

仮説C「男性の主な祖先は縄文人で女性の主な祖先は大陸からやって来た渡来系弥生人である」とした場合、③、④が説明できません。

仮説D「日本民族の主な祖先は、男女とも大陸からやってきた」とした場合、①、②、④が説明できません。

つまり、「仮説Ａ」以外は何処かで論理破綻を来すのです。即ち、日本民族の主たる祖先は縄文時代から日本に連綿と住み続けてきた人々だった、と云うことです。

ではゲノム解析は何を語るか、上記の判断と矛盾しないか検証してみましょう。

ＳＮＰ解析が明かした真実

人間集団間でのゲノム配列の違いは０・５％程度であることが明らかになっています。
この違いは一塩基多型（ＳＮＰ）と呼ばれる塩基の置換によっておこる違いであり（第一章参照）、ヒトは一〇〇〇万ヵ所程度、他人と異なるＳＮＰを持つことがわかっています。この情報はデータベースとして整備され、稀なＳＮＰを含めると六〇〇〇万以上が登録されていると云います。（『日本人の誕生』斎藤成也編著、二〇二〇年　185参照）
そこで、集団としてのヒトゲノムを解析する時は、既にＳＮＰである部分が分かっているところを解析（主成分分析）する方法が主に用いられています。
その結果、各民族の違いが明らかになり、一例が〈図５‐４〉です。この図の楕円は祖先を同じくする一民族集団を表していると考えて結構です。ではこの図から何が云えるか。

1. 篠田謙一氏や斎藤成也氏が云うように、日本人の８～９割が大陸から来た遺伝子を受け継いでいるとしたら、私たちの祖先と漢族の祖先はほとんど同じになるはずです。

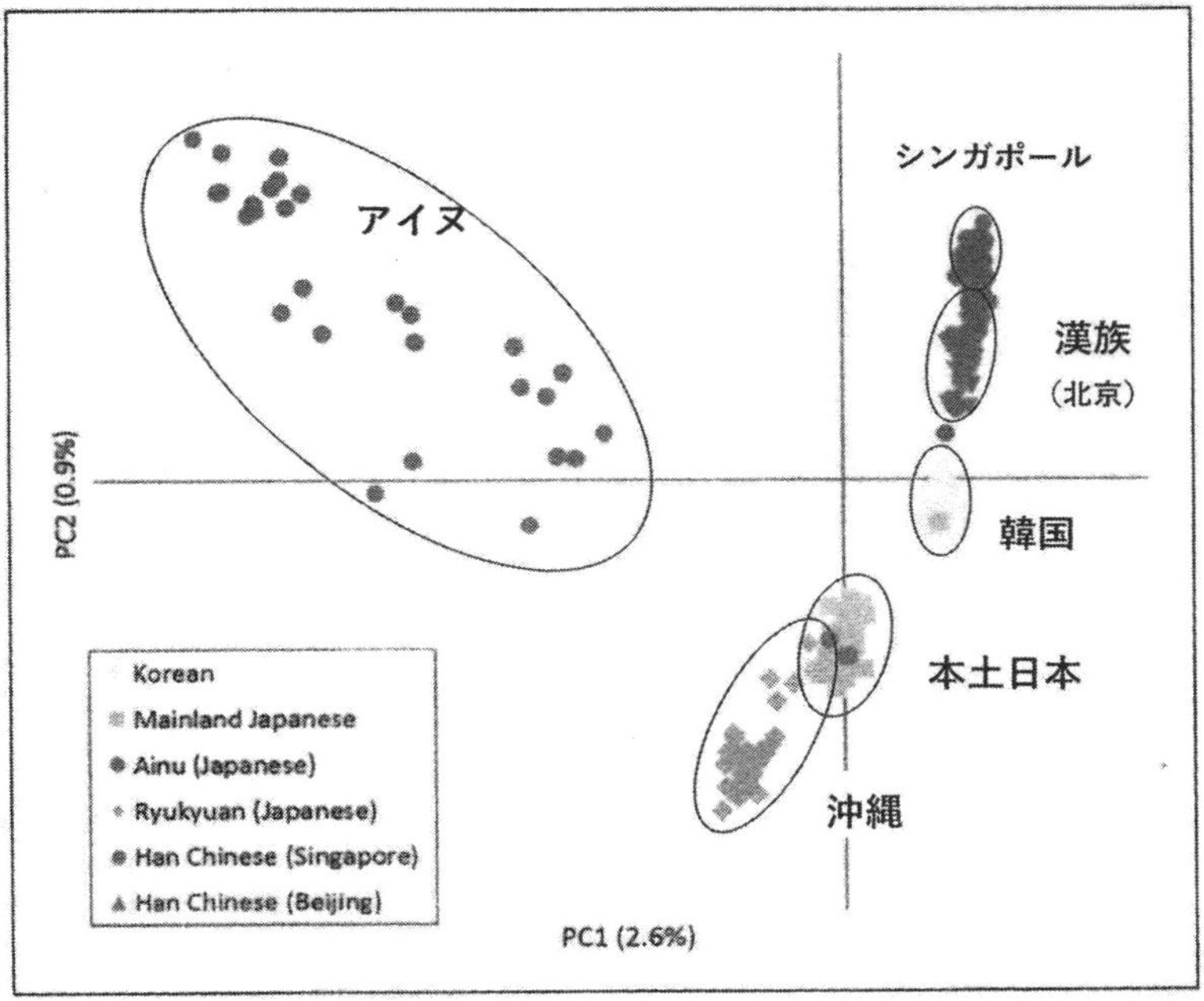

図 5-4　日本人及び韓国・漢族の SNP 分析結果
（『DNA でわかった日本人のルーツ』 P11 に加筆）

そうなら本土日本人の範囲は、今の漢族（北方シナ人の子孫）やシンガポール（南方シナ人の子孫）の範囲と重なるはずです。しかし全く重ならない。つまり彼らの見方は失当ということです。

2. 中橋孝博氏は、考古学に基づき「渡来人は少なかったが人口爆発により日本人のほとんどを彼らの子孫が占めるに至った」なるシミュレーション結果を公表したのですが、これも同じ理由で失当です。

3. 「江南地方からやって来た

人が日本人の主流をなす」という説もありますが（八幡和郎『最終解答　日本古代史』20）、これも根拠なき空想です。

4. 埴原和郎の二重構造説も失当。仮に、アイヌや沖縄人が同じ縄文人の子孫だとしたら、なぜ、沖縄とアイヌは斯くも離れた位置にあるのか説明できません。

次に、仮に沖縄県人が縄文人の子孫だとして、本土日本人が縄文人（1～2割の遺伝子）とシナ人（8～9割の遺伝子）の混血だとしたら、なぜ本土日本人は沖縄県人に近く、一部が重なり、中間に韓国人を挿み、漢族と決定的に離れた位置にあるのか、これも説明できません。

5. 但し、歴史を踏まえれば、韓国人が本土日本人と漢族の混血民族であることは良く分かります。彼らは両者の中間に位置しているからです。

6. 国立科学博物館人類研究部長・溝口優司氏の『アフリカで誕生した人類が日本人になるまで』（ソフトバンク新書）の記述、「日本人は、南方起源の縄文人の後に、北方起源の弥生人が入ってきて、置換に近い混血をした結果、現在のような姿形になったのです」(179)も失当以上のデタラメ。そうなら本土日本人と漢族が重なるはずです。

7. アイヌはなぜ斯くも拡散しているのか。それは例えば、異民族を襲って元に追われたように、異民族を襲い女性を奪い、様々な民族のゲノムが彼らの中に混入しているからです。そして異民族の男性を排除したことが、彼らのY染色体のハプログループは多様性が乏しい（75％程度がＤ系統）ことも推定根拠となります。

但しアイヌによる略奪は昔の話、それは狩猟民族の生業《なりわい》であり、農耕民が収穫物を刈り取るのと同じ意識だったと思われます。

また本土日本人の位置が沖縄県人から、やや漢族や韓国寄りになっているのは、日本は平和で豊かであり、シナ人や半島人にとって憧れの国だったからです。今も昔も、日本にやって来る彼らを受け入れてきたのです。

「97％が日本人らしい」なるマイクロサテライトの解析結果

もう一つの遺伝子マーカーとしてマイクロサテライトが挙げられます（第一章参照）。この解析で何が分かるのか、事例を紹介しましょう。

『ＤＮＡでわかった日本人のルーツ』（18〜21）に山本敏充・名古屋大学大学院医学系研究科准教授によるマイクロサテライトを使ったゲノム解析の研究結果が載っています。

この研究では、先ずアジアから16の地域を選定し、各地から32人を対象とした、とあります。それらは、日本（秋田、名古屋、大分、長崎、沖縄）、モンゴル、中国（瀋陽、北京、湖南、陝西、福建、広東）、タイ、ミャンマーです。参考にイギリス人を加えています。

そして一〇〇個ほどのマイクロサテライトをマーカーとして遺伝子解析ソフト（GENETI

X）を使って調べることで各々の特徴が明らかになった、とあります。

K＝2：（全体を2つのグループに分ける）と、①アジア諸国と②イギリスの2つに分かれます。アジア人とイギリス人は異なる祖先グループに分かれるということです。

K＝3：（全体を3つのグループに分ける）と、①日本、②アジア諸国、③イギリスの3つに分かれます。この事実は、沖縄を含む日本人は他のアジア人とは異なる特徴を持っていることを教えてくれます。

K＝5：（全体を5つのグループに分ける）と、①日本、②中国、③朝鮮（瀋陽含む）、④モンゴル、⑤東南アジアの5つに分かれます。その集団を三次元でプロットしたのが〈図5－5〉です。瀋陽には朝鮮族が多いのでソウルの直近にあります。

そして山本氏は次のように記していました。

「特に日本の5地域は、他のデータと比較するとかなり特徴的で、日本列島に住む人のDNAは、アジアの中でもアイソレート・孤立した存在であると考えられます」(20)

「日本人はアジアの他の地域とは明らかに違った、日本人としての遺伝的特徴を持っている、ということを示しています」(20)

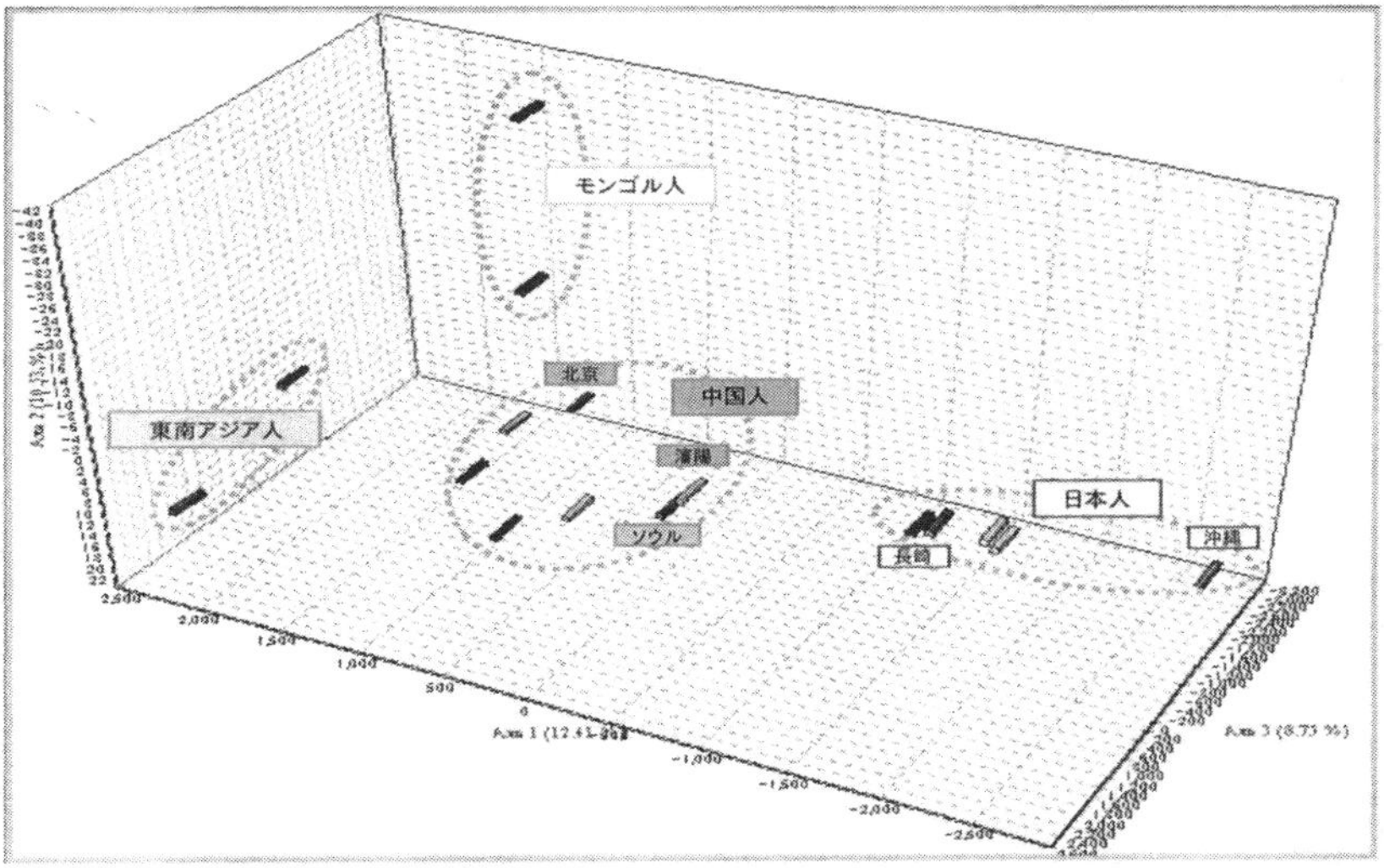

図 5-5　マイクロサテライト分析による各集合の３次元表示
（『DNA でわかった日本人のルーツ』 P20）

「さらに分類を８つに増やして解析すると、沖縄の独自性が表現されることになりますが、大陸などのデータと比較すると、沖縄も明らかに日本人としての要素が強いといえます」(21)

「これらのデータを元に遺伝的特徴を判別式で表現した場合、日本人の97%が日本人らしいと数値に現れる、という結果が出ています。

遺伝的に見た場合、日本列島人の特徴はかなり顕著です。地理的にも近く、少なからず交流のあった中国や朝鮮の人々と、かなり異なった特徴を持っているのは、日本列島が大陸・半島から隔絶しているという地理的条件によるものでしょう。そしてその遺伝的差異を形成したものは、旧石器時代に日本列島に渡来し、

そして後に縄文人になった人々の影響も少なからずあるのではないかと類推することが可能です」(21)

仮に、「縄文人が日本人の遺伝子に残した割合は、1割から2割程度であり、その大部分は弥生時代以降に大陸から渡ってきた人々がもたらした」なる判断が正しいなら、このような解析結果にはならないでしょう。

「日本人の97%が日本人らしい」と云うことは、アフリカで誕生した新人が、日本にやって来て縄文時代を通じてこの地に住み続け、人口を増やし、その彼らが私たち日本民族の主たる祖先であることを物語っているのです。

エピローグ

話はここで終わるつもりだったのですが、ユーチューブ上で著名な分子人類学者が日本人のルーツについて論じていました。知ってしまった以上、これに触れないのは不親切と思い、最後にそれらについて私見を述べておきます。

第一話・斎藤成也氏の講話

二〇二〇年二月二一日、斎藤成也氏は、「【核ゲノム】から探る日本人のルーツ（1）人類の起源と広がり」を流しており、次のように話し始めました。

「古墳時代の人、室町時代の人、弥生時代の人、江戸時代の人、現代の人、つまり日本列島人（ヤポネシア人）が皆良く似ているということです。処が縄文人とは大きく違います」

この発言から、氏は鈴木尚氏の研究成果、「日本人の形質は時代により大きく、連続的に変わってきた」（図5-1、図5-2参照）ことをご存じないことが良く分かります。

そればかりか、篠田謙一氏が『新版　日本人になった祖先たち』の帯にも本文（5）にも載せた、礼文島で決定されたゲノム解析から復元された40歳代の縄文人女性の顔も見たこと

図0-1　船泊23号人骨の復顔像
人骨の骨格にゲノムデータから得られた軟部組織に関する情報を加味して復元された像

写真 6-1　縄文人女性（40 歳代）の復元された顔
（『新版 日本人になった祖先たち』P5 より）

がないようです。（写真６－１）

　この縄文人女性の顔を見ると、今も何処にでもいる日本人女性の顔そのものであり、「現代日本人女性とは大きく違う」と云う氏の見解が誤りであることが誰にでも分かるでしょう。（実はこの女性は斯く云う斎藤氏に良く似ているのです）

　分子人類学では立派な肩書きを持っていても、異分野では素人に等しい者が、昔学んだ時代遅れの知識をベースに適当な話をするのは困るのです。異分野であっても、彼らの肩書が立派故、根拠なきこれらの発言を信じる人がいるからです。次は間違った前提から導かれる更なる誤りと云えます。

「なぜこんなに違うのかというとモンゴル人などの東ユーラシア大陸の人たちが沢山来たか

らだということになります」

歴史時代は勿論のこと、先史時代に「モンゴル人などの東ユーラシア大陸の人たちが日本に沢山来た」なる考古学的証拠はありません。日本人とモンゴル人や中国人のY染色体ハプログループ頻度を比べれば誰にでも分かります。次も問題です。

「どうやらわれわれ日本人は10％程はしっかり縄文人のDNAを受け継いでいるけれども8割以上は大陸からの人のDNAであろうという推定値が出てきたわけです」

篠田氏はDNAではなく「遺伝子の1割か2割」（172頁参照）と書いており、両者には食い違いがあります。数値が違うことに加え、〝DNA〟と〝遺伝子〟は違うからです。斉藤氏も根拠論文を提示していないのですが、少なくともどちらかが間違っていることは確かです。それればかりか、私が両論を疑っているのは既述の通り（172頁参照）であり、「日本人のDNAに縄文人特有のDNAが10％、大陸のDNAが8割以上」などあり得ないからです。

第二話・神澤秀明氏の講演その一

二〇二〇年一二月三一日、国立科学博物館の神澤秀明氏は「DNAから見た縄文人―最近のゲノム研究を中心に―」なる約40分の講演を流していました。

最初に氏は「核DNAは32億塩基対を持ち両親から遺伝する」と述べていましたがこれは余りに雑駁すぎます。専門家なら、「両親から遺伝する部分と父親から息子へと遺伝するY染色体から成り立っている」と語るべきでしょう。

氏は、日本人の祖先は「旧石器時代人であれ、縄文人であれ、弥生人であれ、全て大陸からやって来た」と信じているようであり、Y染色体をベースにしたジェノグラフィック・プロジェクトのこと（図1-9、図1-10参照）など全くご存じないようです。

当然、Y染色体に基づくルーツ研究には一切言及しませんでしたが、視聴者にこれを知られては、この講演で述べている氏の論が破綻することは明白だからでしょう。

そして篠田氏同様、菜畑遺跡のことは全く知らないらしく「縄文人は狩猟採集民」と規定し、「今から三〇〇〇年前に弥生時代という農耕社会が始まり日本中に広がる」なる歴史認識でした。そして埴原和郎の二重構造説を信じ、多くの渡来民が朝鮮半島から日本に流入し、九州から各地へと広がっていった、と図まで添えて説明していました。

またmtDNA分析から〝アイヌ人〟と語っていたのですが、これも正確さに欠けた発言であり、専門家なら〝アイヌ人女性〟とすべきです。

さらに氏も、「現代日本人のゲノムの10％が縄文人に由来することが明らかになりました」、

「沖縄は30％弱、アイヌは70％弱が縄文人の遺伝要素を受け継いでいることが示されました」と述べていますが根拠不明であり、残りの90、70、30％については触れませんでした。

神澤氏は篠田、斎藤両氏の云う〝ＤＮＡ〟や〝遺伝子〟ではなく、今度は〝ゲノム〟と言っていましたが三者ともバラバラ、何方の話を信じて良いやら、困ったものです。

またこの動画で氏は「アイヌは縄文人ではない」と規定していたのですが、アイヌが縄文人の遺伝要素の70％弱を受け継いでいるなら「縄文人の子孫」と云って良いでしょう。

この様に、氏の話は突っ込みどころ満載であり、内容を確認するために令和三年三月、国立科学博物館の担当者の指示通り、返信用封筒に切手を貼り、22項目の質問書面を同封して同館の氏あてに送ったのですが、未だ返事は来ておりません。(令和三年七月現在)

第三話・神澤秀明氏の講演その二

二〇二一年五月四日、本書校閲の最中、氏は「ゲノムから見た弥生時代人」なる約36分の講演をユーチューブ上で流していました。要点のみ記しておきます。

氏も篠田氏同様(201頁参照)、安徳台遺跡からの出土人骨について、先ずｍｔＤＮＡと頭骨形態から渡来人の子孫と推定しており、次のように記していました。

「統計解析前の予想としては、安徳台5号は典型的な渡来系弥生人なので渡来人の源郷である朝鮮半島や中国の人々のクラスターの近くにプロットされる、と予想されていました。しかし予想は見事に裏切られ、安徳台5号は現代の本土日本人のクラスターの中に入ってしまいました。

冒頭で本土日本人は縄文人の遺伝要素を10％程度受け継いでいると説明しましたが、今回の結果は安徳台5号も同様に既に縄文系の要素を持っていることを示しています」

この一文にある「安徳台5号は現代の本土日本人のクラスターの中に入ってしまいました」が、持論の破綻に対する無念さを良く表しています。（図6－1）

（注1）ここで述べている位置を〈図5－3〉に落としたものが〈図6－1〉です。

（注2）佐世保市下本山岩陰遺跡から得られた二体の人骨データが「西北九州弥生」（渡来系弥生人とは形質が異なる）の位置です。これも本土日本人の直近にあります。

今まで、篠田氏や神澤氏が本に書き語って来た「渡来系弥生人の源郷は朝鮮半島や中国は間違いだった」ことがゲノム解析から明らかになってしまったわけです。それを「縄文人との混血によってこの位置に移動した」と取り繕ったのですが、これも間違いであることを自ら証明することになります。

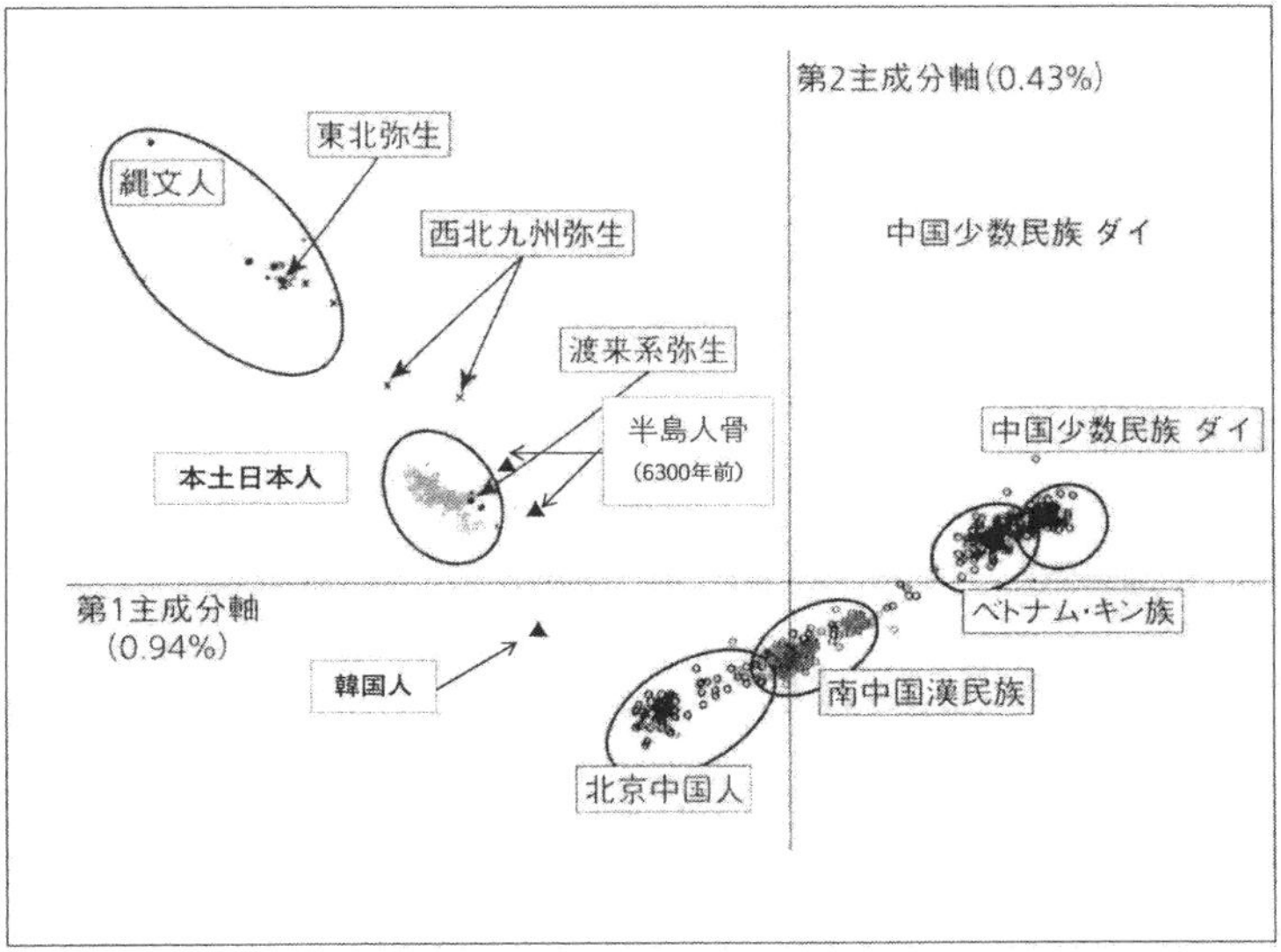

図 6-1　縄文時代から現代に至る日本人の遺伝的特徴
（この図は縄文時代以降、渡来人が日本人へ与えた
遺伝的影響はほとんどないことを示している）

次いで神澤氏は、「二〇一八年、韓国南部の小島から出土した約六三〇〇年前の人骨二体から、ゲノム検出に成功した」と述べていました。

この人骨は縄文人としての特徴を備えているとのことです。即ち、日本から無人の半島へ渡来した縄文人骨です。ではゲノムはどうだったのか。氏は次のように語っていました。

「分析前の予想は、日本との間は対馬海峡で切り離され、互いに遺伝的影響・交流はなく、またこの地は渡来系弥生人の源郷であるため、その遺伝的特徴を持った結果が得られるのではないかと考えました」

この発言から、氏は「縄文人は朝鮮半島からやって来た」と信じており、半島の歴史や韓国考古学も全く知らないことが良く分かります。それ故氏は、この人骨は、渡来系弥生人（安徳台5号）の四〇〇〇年以上前の人骨であり、縄文人との混血がないのだから、今度こそ、その位置は今の韓国人か中国人のクラスターに入ると確信していたのです。しかし結果は、当然、氏の予想を裏切ることになります。

「驚いたことに、現在の韓国ではなく、本土日本人に近いところにプロットされました」

氏が驚いたのは、混血したはずの縄文人と渡来系弥生人（安徳台5号）がほとんど同じ位置にあったからです。つまり篠田氏や神澤氏の推測、「中国人や韓国人の祖先と縄文人とが混血した結果、渡来系弥生人（安徳台5号）は〈図6-1〉の位置になったのだ」なる推測も科学的事実によって否定されてしまったのです。

私は、氏が驚いたことに驚くのですが、氏は新たな弥縫《びほう》策を考え付きます。

「これは現代の韓国人よりも縄文人との親和性があることを意味しますから、つまり東アジアの基層集団の遺伝要素が韓国南部の新石器時代まで残存していた、と想定すると理解しやすいでしょう。東ユーラシアの基層集団のうち、日本列島に渡った系統が縄文時代人につながり、渡らなかった系統のなごりが今回検出された、という考え方です」

このように己の見当違いを糊塗し、弥縫策を繰り返すのですが「縄文人が半島からやってきた」のなら、今まで氏が支持していた埴原和郎の「縄文人は東南アジア方面からやってきた」は何だったのか。全ての持論がペケとなった氏は次のように追い込まれました。

「一方でそのように考えなくとも、縄文時代前期かそれ以前に朝鮮半島に縄文人が流入したとしても今回の結果を説明することができます。(中略)現時点ではどちらが正しいか分かりません」

「分かりません」ではなく、ジェノグラフィック・プロジェクト、日中韓のY染色体ハプログループ、韓国の歴史や考古学を学べば簡単に知ることができます。

何れにしてもこの解析結果から、日本人は、たとえ形態は変わっても、縄文時代から遺伝的に大きな変化はなく、一貫して日本人としての集団の中にあったことが明らかにされました。そして津田左右吉が見抜いていたように、私たち日本民族は、縄文時代からシナ人や朝鮮人と異なる民族であることが再確認されたのです。

あとがき

振り返るとこの一〇年、日本人のルーツに関する様々な本が出版されてきました。科学も大きく進歩し、科学の力で真実が明らかになり、世の論調は変わったのではないかと期待したのですが、一向に変わらなかったのです。

待てど暮らせど真実を書いた本は世に表れず、「一書など世に出すことにならねばよいが……」と願っていたのですが、残念ながらこのような事態に至ってしまいました。

彼らは、虚偽・偏向報道で名高いNHK共々、世の中を惑わし続けていたのですが、その本質が〝虚偽〟であるためか、各所にほころびが露呈していたことに気付かぬようでした。そしてそのほころびを追っていくと、次第にほつれた糸が解けていき、遂に真実が姿を表したというわけです。

結果はご覧の通りなのですが、ネットの書評などを見ると拙著への評価は両極端であり、ある読者は「目から鱗の衝撃」、「久しぶりに脳細胞を刺激してくれた」などと評価していますが、別の読者は、私が個人名を出して本当のことを書くことを「悪口を言っている」と誤認し、嫌悪感を顕わにしています。

しかし、個人名を挙げて論文の問題点を指摘するのは学問の常道であり、悪口ではありません。各論を取りあげたのは、論文を客体として検討しただけであり、当然、評価した本や論文も紹介しています。

今回も多くの方々の〝論〟を科学的・論理的に分析し、問題点を指摘し、私が正しいと導きだした結論を提示したたに過ぎないのです。

然るに世間にはそのように見ない方もいるらしく、さらに誤解を増幅させることになるのでは、と恐れつつ、何かが私を突き動かし、再び本当のことを書いてしまったのです。

今にして思うと、それは津田左右吉の思想の一部が憑依・インカネートし、「氏の日本民族史観を擁護せよ」と命じていたからではないか、との念を持っています。

誰でもそうだと思うのですが、私も自著に対する科学的・論理的な批判や反論は大歓迎であり、本書で取り上げた彼らも、私の努力に対して感謝し、必ずや随喜の涙を流すと信じて疑いません。

また本書に対する質問には、従来通り直接答えさせていただくと同時に、開討論会の申し出などがあれば喜んで対応させていただく所存です。最後になりますが、再びこのような機会を与えて下さった展転社の皆様に、衷心よりお礼申し上げます。

令和三年七月　一人でも多くの方々がｍＲＮＡワクチンの〈害毒〉を知り
「決して打つことのなきよう」と祈りつつ

長浜浩明

長浜浩明（ながはま　ひろあき）

昭和22年群馬県太田市生まれ。同46年、東京工業大学建築学科卒。同48年、同大学院修士課程環境工学専攻修了（工学修士）。同年4月、（株）日建設計入社。爾後35年間に亘り建築の空調・衛生設備設計に従事、200余件を担当。
主な著書に『文系ウソ社会の研究』『続・文系ウソ社会の研究』『日本人ルーツの謎を解く』『古代日本「謎」の時代を解き明かす』『韓国人は何処から来たか』『新文系ウソ社会の研究』『最終結論「邪馬台国」はここにある』（いずれも展転社刊）『脱原発論を論破する』（東京書籍出版刊）『日本の誕生』（ＷＡＣ）などがある。
［代表建物］
国内：東京駅八重洲口・グラントウキョウノースタワー、伊藤忠商事東京本社ビル、トウキョウディズニーランド・イクスピアリ＆アンバサダーホテル、新宿高島屋、目黒雅叙園、警察共済・グランドアーク半蔵門、新江ノ島水族館、大分マリーンパレス
海外：上海・中国銀行ビル、敦煌石窟保存研究展示センター、ホテル日航クアラルンプール、在インド日本大使公邸、在韓国日本大使館調査、タイ・アユタヤ歴史民族博物館
［資格］
一級建築士、技術士（衛生工学、空気調和施設）、公害防止管理者（大気一種、水質一種）、企業法務管理士

日本人の祖先は縄文人だった！
いま明かされる日本人ルーツの真実

令和三年九月六日　第一刷発行
令和四年二月二十三日　第二刷発行

著　者　長浜　浩明
発行人　荒岩　宏奨
発　行　展　転　社

〒101-0051　東京都千代田区神田神保町2-46-402
ＴＥＬ　〇三（五三一四）九四七〇
ＦＡＸ　〇三（五三一四）九四八〇
振替〇〇一四〇-六-七九九九二

印刷製本　中央精版印刷

ISBN978-4-88656-527-3